觸診技術

機能解剖學的

上肢

瑞昇文化

監修的話

最近，生物學及醫學領域在技術方面出現了驚人的進展，因此環境也產生了極大的改變。

在這樣的環境下，臨床所要求的就是「完整評估病患的身體狀況，以提供最適當的醫療處置」。復健的重要性已逐漸受到關注，醫學界也期待以人體運動機能的角度來進行考量，並且希望涉及解剖學知識領域的復健在訓練上能更加進步。

「復健」一詞有著「回復疾病所奪走的各種機能」此深遠意義，因此對於人體的正常機能，及身體的解剖位置必須有充分的理解。復健所關係到的是實際掌握病患現況，並且加強訓練以便能令患者的日常生活動作獲得改善，甚至進一步達到穩定的效果。本書的重點在於更有效地讓病患回復運動機能，並儘可能地將現場觸診所得到的情報做正確的判斷，以及對於實際臨床中相當重要的觸診方法進行記載。除此之外，本書對於在臨床操作方面，所需瞭解的解剖位置、症狀、甚至是一般疾病都有詳細描述。進行觸診並且理解肢體的解剖位置，以這樣的形式來產生治療所需的方法。首先就請各位運用和活用這些知識，以便能完整評估病患的身體狀況。

今後，為了迎接高齡社會的來臨，並使復健成為維持機能以及營造更舒適生活的助手，必須擴展復健的可能性。這個情況明顯地反映在屬於日常復健醫療的運動治療之診療業務方面，而且我認為自己必須在臨床醫療的研究上進一步地貢獻一己之力。於本書出版之際，本人要向長期從事於臨床現場、教育領域及擔任此書執筆的老師致上謝意。

岐阜大學醫學院附設醫院復健科
青木隆明

序－對觸診的想法

　　我從事整形外科領域的復健工作大約二十年了。整形外科是處理四肢和脊柱的診療科，是個一眼就能看出結果好壞的領域。整形外科的治療範圍很廣，大致區分為「進行手術的積極性治療」與「不進行手術的保守性治療」。不論是哪一種治療法，我們這些物理治療師、職能治療師都必須成為治療作業的一部份，並和整形外科醫師共同合作，以成為現今整形外科診療中的重要夥伴。

　　「復健」在最近被稱為「骨骼肌肉康復治療」，加上現今的醫療體制已漸漸區分成整形外科醫師、復健醫師、物理治療師、職能治療師等的緣故，因此醫療體制發展至今，已進入了醫療人員各自擔任不同職務的時代。我們物理治療師以及職能治療師，應該期許本身擁有既正確又高超的技術和知識來從事骨骼肌肉康復治療一職。我們擔負起治療的一部份職責，自身技術的好壞會左右治療的結果，然而究竟有多少物理治療師以及職能治療師是帶有這樣的危機感來擔任診療者的呢？

　　「動作確實、治療成果穩定的治療師」和「治療成果會產生變化、不穩定的治療師」之間究竟有何差異呢？豐富的知識當然是必要的，不過這點是要儘可能努力不倦地學習才能成功。而且，既然我們在進行治療業務時是以手為媒介，那就必須同時擁有「將知識所形成的理論，用自己雙手來完整重現」的技術。

　　在進行骨骼肌肉康復治療時，所追求的效果為：「擴大關節可動範圍」、「讓肌力的效率完全發揮到極限」。除此之外，許多時候則是要從各個角度來仔細思考可動範圍的面積和肌力，使疼痛能得到紓解。要做到這點，重點就在於對目標組織施加伸展，讓目標肌肉在適當的時機和穩定的平衡中，實行收縮和鬆弛。要以極高的準確率一個個地進行這些醫療行為，而其中的關鍵可以說就在於「治療師是否能正確地觸診出，必須進行治療的組織」。

了解各種物理特徵，可以思考出病症。物理特徵中的代表就是「壓痛」，當某個組織出現壓痛時，對於組織本身便是個相當重要的徵兆。為何會這樣說呢？原因在於這其中大多存在著某種病症。但是，組織若是沒有出現壓痛，也是相當重要的訊息。若要探究原因，最好仔細檢查這個組織以外的部位是否有疾病。對於想要進行伸展的組織，唯一的評估方法就是：要給予適當的刺激而進行觸診。對於想要進行收縮的肌肉，就用最迅速的方式觸摸和確認肌肉收縮的程度，而適當的壓迫也可以提高收縮程度。其他還有許多治療技術是必須確實地觸摸到組織，才能夠進行的。但如果觸診技術不完整的話，那麼原本能發現的病症就會被忽略了。

　　對於所有從事骨骼肌肉康復治療的物理治療師、職能治療師，在為了獲得穩定的治療成果所做的第一步裡，可以使用本書來磨練自身的觸診技術。此外，在學生方面，若是能在學生生涯就將這些知識學習起來，則對於其在臨床上應該是個好的開始。只是一味讀書的話，效果一定無法跟實際觸診時相比。為了能磨練技術，請在每日的臨床以及課程裡反覆練習。當你變得能夠將目標組織既快速又確實地觸摸出來，並且開始有了一些自信之後，請冷靜觀看自己的治療成果，你的治療成果應該確實比以前還要進步了！

　　最後要向給予本書發行機會的メジカルビュー社，還有在編輯部裡對我有極大幫助的安原範生先生致謝；同時，我要向總是寬容接受我的任性，並會適時為我激勵打氣的愛妻由美子表達衷心的感謝。

吉田整形外科醫院　物理治療師

林　典雄

目　次

Skill Up 一覽

Ⅰ 觸診的基本

1　基本的站立姿勢和解剖學的站立姿勢

> ### 基本的站立姿勢（fundamental standing position）
> ● 基本的站立姿勢，即「臉面向正面呈站立姿勢，上肢垂放至身體兩側，手掌朝向身體，下肢平行，腳跟併攏而腳尖稍微分開」的體位。
>
> ### 解剖學的站立姿勢（anatomical standing position）
> ● 在基本站立姿勢的狀態下，前臂進行旋後、手掌朝向前方。
> ● 解剖學中所表示的動作全都是以解剖學站立姿勢為基準所表現的。
> ● 根據這項原則，本書所表示的動作也是以解剖學站立姿勢為基準來進行敘述。

圖1-1　基本的站立姿勢和解剖學的站立姿勢的不同

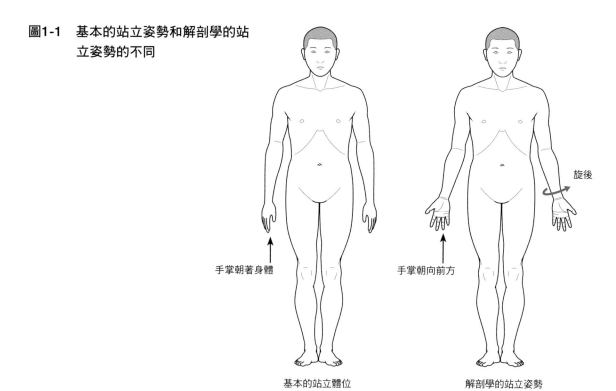

手掌朝著身體　　　　　　手掌朝向前方　　　旋後

基本的站立體位　　　　　解剖學的站立姿勢

2 運動面‧軸‧方向

運動面

●要確實地學好觸診技術,就必須了解目標肌肉的收縮會使各個肢體在空間裡產生什麼樣的位置變化,以便能一步一步地完成運動。用來表示位置變化的運動,是掌握了肢體在三個基本面上所進行的移動,並根據各個動作來決定運動的名稱。

●**主要矢狀面**(cardinal sagital plane)　：主要矢狀面是「從前面通往後面,將身體分為左右兩邊」的切面。

●**主要前額面**(cardinal frontal plane)　：主要額狀面是「由左至右,將身體分為前後兩邊」的切面。

●**主要水平面**(cardinal horizontal plane)：主要水平面又稱為橫斷面。是「將身體二分為上下二邊」的切面。

圖2-1　運動的三個基本面

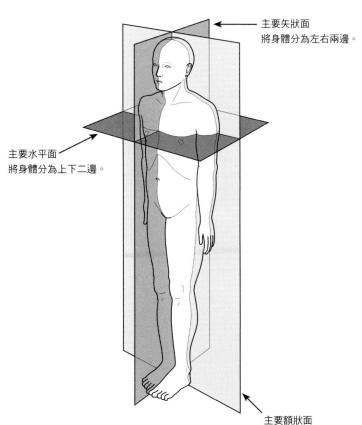

主要矢狀面
將身體分為左右兩邊。

主要水平面
將身體分為上下二邊。

主要額狀面
將身體分為前後兩邊。

運動軸

三個基本軸

● 要表示各個肢體運動的時候，只制定運動面是不夠的，所以會根據運動軸為中心，清楚地將旋轉運動記錄下來，藉此表示特定的運動。例如，位於矢狀面上的肱骨運動、肩關節的肩關節屈曲(運動)、肘關節的肘關節屈曲(運動)以及腕關節的腕關節掌屈曲(運動)。如果能將這些運動中通過關節的運動軸顯示出來，就能標示出特定的運動了。作為基本的軸有以下三個：

● **額狀軸（frontal-horizontal axis）：**
　　　　　　　　　在矢狀面上完成運動時所用的運動軸，與矢狀面垂直且向左右方向延展。又稱為左右軸。

　[在額狀軸上進行矢狀面運動的例子]
　頸部屈曲、伸展，肩關節屈曲、伸展，和膝關節屈曲、伸展等等。

● **矢狀軸（sagital-horizontal axis）：**
　　　　　　　　　在額狀面上完成運動時所用的運動軸，和額狀面呈垂直並往前後方向展開。又稱為前後軸。

　[在矢狀軸上進行額狀面運動的例子]
　頸部側屈，肩關節外展、內收，腕關節橈側屈曲、尺側屈曲，髖關節外展、內收等。

● **垂直軸（vertical axis）：** 在水平面上完成運動時所用的運動軸，與水平面呈直角並向上下方向展開。

　[在垂直軸上進行水平面運動的例子]
　頸部旋轉，肩關節旋轉，前臂旋前、旋後，身軀旋轉，髖關節旋轉等等。

圖2-2　三個運動軸

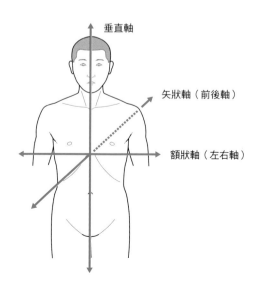

垂直軸

矢狀軸（前後軸）

額狀軸（左右軸）

2　運動面・軸・方向

運動的方向

運動的方向

●解剖學的站立姿勢是解剖學在描述運動時的基準，而運動名稱也是以站立姿勢時的運動方向所決定。

①屈　　曲：在額狀軸上所進行的矢狀面運動裡，是指往前方移動的動作。

②伸　　展：在額狀軸上所進行的矢狀面運動裡，是指往後方移動的動作。

③外　　展：在矢狀軸上所進行的額狀面運動裡，是指遠離身體的動作。

④內　　收：在矢狀軸上所進行的額狀面運動裡，是指靠近身體的動作。

⑤外　　旋：在垂直軸上所進行的水平面運動裡，是指遠離身體的動作。

⑥內　　旋：在垂直軸上所進行的水平面運動裡，是指靠近身體的動作。

⑦環　　動：擁有三個運動軸的關節（肩關節、髖關節）所能進行的運動，是指類似劃圓的旋轉運動。

●肩帶的運動

①上　　舉：在胸廓上方的肩胛骨往上方移動的動作。

②下　　壓：在胸廓上方的肩胛骨往下方移動的動作。

③外　　展：在胸廓上方的肩胛骨往外側移動的動作。

④內　　收：在胸廓上方的肩胛骨往內側移動的動作。

⑤向上旋轉：在胸廓上方的肩胛骨關節窩往上方進行旋轉運動。

⑥向下旋轉：在胸廓上方的肩胛骨關節窩往下方進行旋轉運動。

●其他運動

①前臂旋前：肘關節屈曲到90°並將手掌面向下方的動作。

②前臂旋後：肘關節屈曲到90°並將手掌面向上方的動作。

③足部外翻：在額狀面上，腳拇趾往下方移動而小趾往上方移動的動作。

④足部內翻：在額狀面上，腳拇趾往上方移動而小趾往下方移動的動作。

⑤足部內收：在水平面上，腳拇趾往身體內側移動的動作。

⑥足部外展：在水平面上，腳拇趾往身體外側移動的動作。

圖2-3　各種運動的表示法

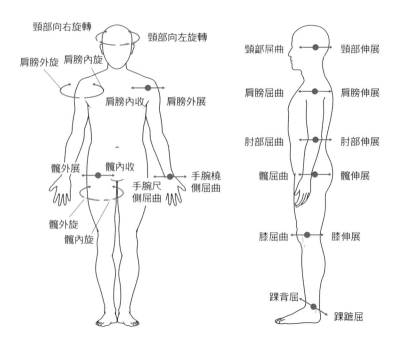

圖2-4　肩胛骨運動的表示方法

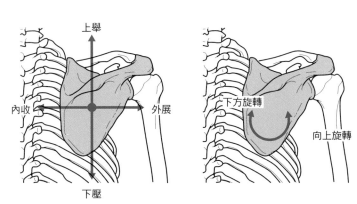

圖2-5　前臂旋轉的表示方法

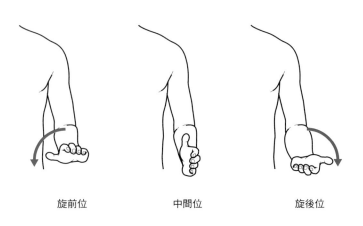

圖2-6 足部運動的表示方法

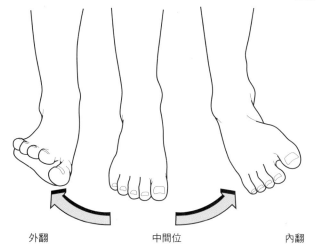

外翻　　　　　　　中間位　　　　　　　內翻

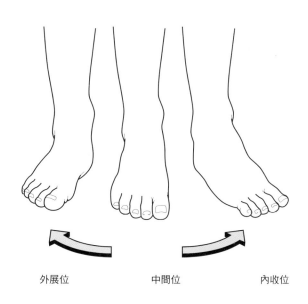

外展位　　　　　　中間位　　　　　　　內收位

3 姿勢的表達方式

位置和相對位置

●人體所能表現的姿勢是無限的，若要網羅所有的姿勢並呈現其分類的體系，幾乎是不可能的事。「姿勢」一般包含了以下二種意思：表示身體和重力方向二者關係的「位置」（position），以及表示身體每個部位之間對應關係的「相對位置」（attitude）。

一般的位置

●**臥姿（lying）**

仰臥（supine lying），俯臥（prone lying），側臥（side lying）等等。

●**坐姿（sitting）**

椅坐姿（chair sitting），騎乘坐姿（ride sitting），長坐姿（long sitting），側坐姿（side sitting），膝彎曲坐姿（crook sitting）等等。

●**跪姿（kneeling）**

（兩膝）跪姿（kneeling），半跪姿（half kneeling），跪坐姿（kneel sitting），四足跪姿（prone kneeling · all fours）等等。

●**站立（standing）**

站立（standing），足尖立姿（toe standing），單腳立姿（half standing）等等。

圖3-1　臥姿的種類

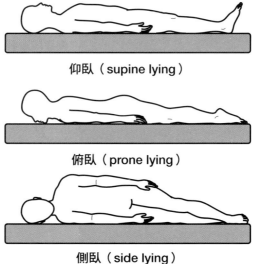

仰臥（supine lying）

俯臥（prone lying）

側臥（side lying）

8

圖3-2 坐姿的種類

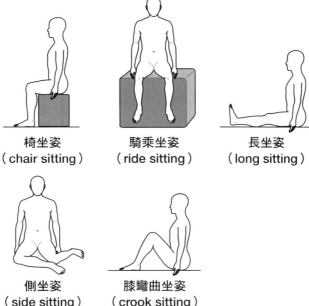

椅坐姿
（chair sitting）

騎乘坐姿
（ride sitting）

長坐姿
（long sitting）

側坐姿
（side sitting）

膝彎曲坐姿
（crook sitting）

圖3-3 跪姿的種類

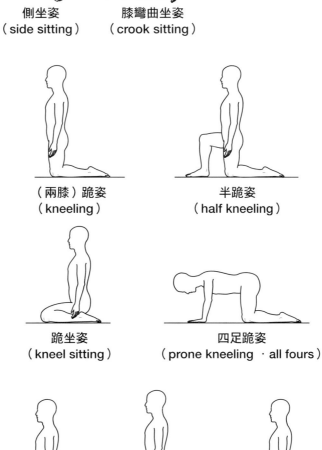

（兩膝）跪姿
（kneeling）

半跪姿
（half kneeling）

跪坐姿
（kneel sitting）

四足跪姿
（prone kneeling · all fours）

圖3-4 站立的種類

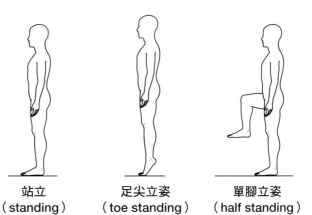

站立
（standing）

足尖立姿
（toe standing）

單腳立姿
（half standing）

手指在進行觸診時的擺法

手指的擺法

● 基本上，對各組織進行觸診時所會用到的手指是食指～無名指的指尖。大拇指儘可能不會使用。指尖整齊地排成一直線，依觸診部位的大小，分別使用食指和中指或是食指到無名指。

● 進行觸診時，壓迫程度為病患不會感覺不舒服的程度，這點必須做到。此外，也不能用力按壓而導致壓迫部位變紅。當觸診部位難以確認時，就要減輕壓迫並慢慢地觸摸，這是重點。

各組織的基本觸摸方法

● **骨緣的觸摸方法** ：指尖觸摸骨緣時一定要和骨緣呈直角，這時的重點在於手指和骨頭之間儘可能不要有軟組織存在。

● **骨頭隆起部位的觸摸方法**：手指放在骨頭隆起部位的附近，試著讓進行觸診的骨頭實際動起來（例如旋轉運動等等），骨頭隆起就會隨著運動在手指下方移動，運用這項要領就能輕易地確認骨頭隆起的位置。

● **溝的觸摸方法** ：手指要對應溝所經過的長軸，但是觸摸時並非沿著長軸的方向移動而是要和長軸呈垂直交錯的方向，如此就能輕鬆地判別位置。

● **關節部位的觸摸方法** ：觸摸關節的時候，一定要固定其中一邊的骨頭，才讓另一邊的骨頭移動。如果兩邊的骨頭一起移動的話，想要觸診其裂縫就會變得相當困難。手指慢慢地接近關節部位，確認關節部位的交界處。此外，也可以對沒有進行固定的骨頭施加牽引，使關節裂縫變大，接著再觸摸關節。

● **肌肉的觸摸方法** ：在觸診肌肉的時候，重點在於儘可能地重現肌肉的固有運動。此時的訣竅在於不要讓肌肉呈持續收縮的狀態，而是要迅速地收縮和鬆弛。如此一來，就能摸到隨著多次收縮而變硬的肌肉。

● **內層肌肉的觸摸方法** ：在對內層肌肉進行觸診的時候，表層肌肉一定是在手指和內層肌肉之間。因此，想要有類似觸摸表層肌肉時，所感受到的明顯硬度變化，十分不容易。像這種情況，手指得稍微用力往下按，去感受內層肌肉隨著收縮將手指從內層撐起來的感覺。如此一來，要進行判斷就很容易了。

圖4-1 手指的基本放法

在觸診時，指尖要整齊地排成一直線。依照觸診部位的大小，可分別使用食指和中指，或是食指至無名指。

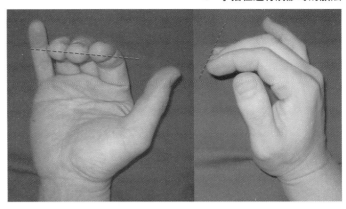

圖4-2 骨緣的觸摸方法

在觸摸骨緣時，手指和骨緣要呈垂直的狀態。

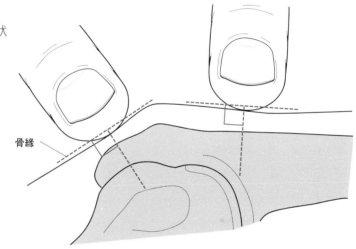

骨緣

圖4-3 骨頭隆起的觸摸方法

觸摸骨頭隆起時，可以使觸診部位動起來，以便尋找骨頭隆起移動的情況。

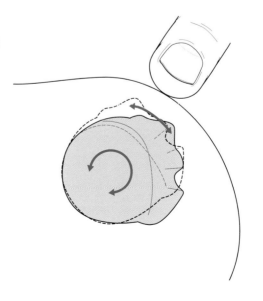

圖4-4 溝的觸摸方法

觸摸溝時，手指的移動方式是和溝的長軸垂直交錯，這樣很容易就能知道溝的位置。

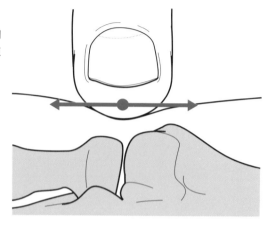

圖4-5 關節部位的觸摸方法

觸摸關節時，一定要運用「固定其中一邊的骨頭，再移動另一邊的骨頭」的方式來尋找交界處。此外，對骨頭施加牽引，使關節裂縫變大。如此一來，很容易就能判斷位置了。

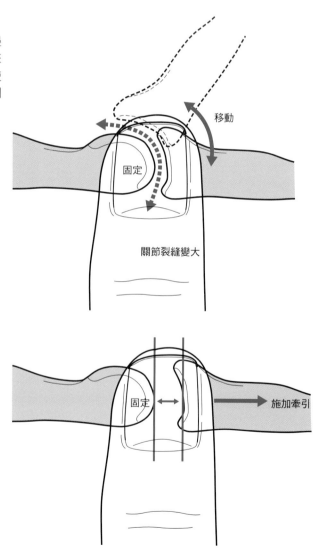

固定

移動

關節裂縫變大

固定

施加牽引

圖4-6 肌肉的觸摸方法

如果是觸摸表層肌肉的情況，要迅速給予收縮和鬆弛動作，以便尋找隨著多次收縮而變硬的肌肉。至於在內層肌肉方面，則是要在內層肌肉收縮時，尋找肌肉從內層將手指撐起來的感覺，如此就能判斷位置。

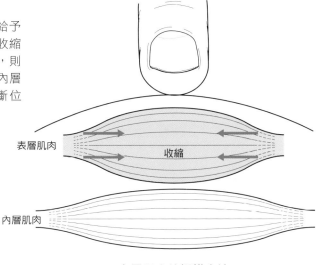

表層肌肉

內層肌肉

收縮

表層肌肉的觸摸方法

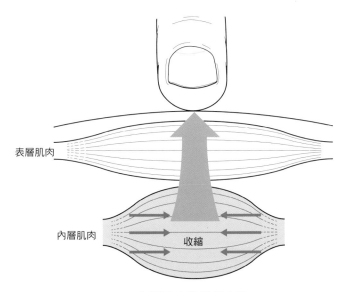

表層肌肉

內層肌肉

收縮

內層肌肉的觸摸方法

II 骨骼

肩胛骨棘 spine of scapula
肩峰 acromion
棘三角 spine triangle

解剖學上的特徵

形狀上的特徵

肩胛骨棘：在肩胛骨背面的棒狀隆起稱為肩胛骨棘。肩胛骨以肩胛骨棘為分界，分為棘上窩和棘下窩。

肩　峰：連接於肩胛骨棘外側的扁平狀隆起稱為肩峰。在其前方內側構成了肩鎖關節。

棘三角：連接於肩胛骨棘內側，像三角州形狀的嵴部稱為棘三角。

附著的肌肉

肩胛骨棘的上緣：斜方肌中間纖維止於此處。

肩胛骨棘的下緣：三角肌後端纖維起始於此處。

棘上窩：為棘上肌的起端。

棘下窩：為棘下肌的起端。

肩　峰：為三角肌中間纖維的起端。此外，一部份的斜方肌中間纖維也是止於此處。

棘三角：為斜方肌下方纖維的止端。

臨床相關

起始位置（zero position）：
在肩胛骨面上約130°的外展位（肩胛骨棘和肱骨的長軸位置在這時會一致）[參考P.17]。

spino-humeral angle　：可以用來掌握肩胛肱骨節律。

spino-trunk angle　　：可以用來掌握肩胛骨旋轉。

humero-trunk angle　：spino-humeral angle＋spino-trunk angle [參考P.18]。

肩峰可視為測量上肢等部位長度的定位點。

肩峰下滑液囊展開於肩峰的下方，是形成肩關節周圍炎的原因之一。

相關疾病

肩胛骨棘骨折、肩峰骨折、肌腱受傷、肌腱炎、五十肩、肩峰下滑液囊炎、肩峰下夾擠症候群、swimmer's shoulder[參考P.19]等等。

圖1-1 肩胛骨棘、肩峰、棘三角（左肩胛骨的背面）

圖中手指所指之處就是肩胛骨棘。以肩胛骨棘為分界，上方為棘上窩，下方為棘下窩。肩胛骨棘的外側會連結至肩峰，而內側則會連結至棘三角。

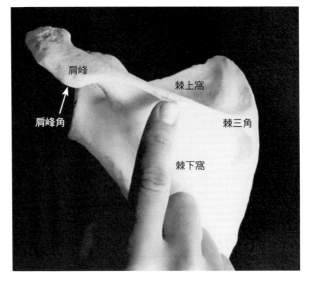

圖1-2 起始位置（zero position）

這是指在肩胛骨面上做出上舉約130～150°的位置。在這個肢體位置裡，肱骨和肩胛骨棘的長軸位置是一致的，一般常會作為肌腱修補手術的術後固定位置。

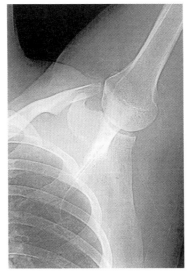
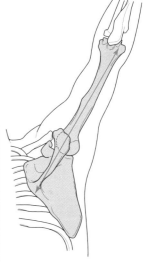

轉載自文獻1）

圖1-3 肩峰下空腔（左肩胛骨的正面）

圖中手指所指著的空間就是肩峰下空腔。喙突和肩峰之間有喙突肩峰韌帶伸展著，而此處則稱為喙突肩峰弓。此空間有棘上肌腱經過。肩峰下滑液囊的位置就位於棘上肌腱的上方。

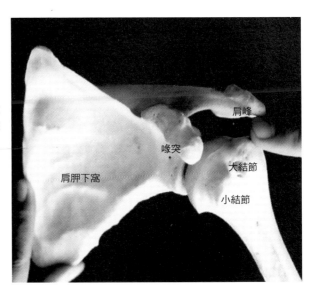

圖1-4　以肩胛骨棘為基準的角度測量

spino-humeral angle是肩胛骨棘與肱骨的長軸所構成的角度，用來掌握肩胛肱骨節律十分有效。

spino-trunk angle是肩胛骨棘與身體長軸所構成的角度，用來掌握肩胛骨固有的旋轉角度很有用。

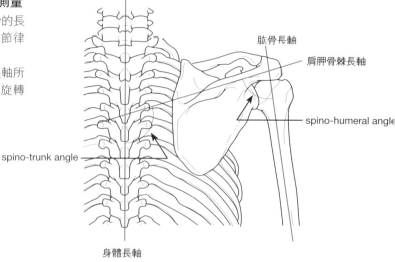

肱骨長軸

肩胛骨棘長軸

spino-humeral angle

spino-trunk angle

身體長軸

圖1-5　肩胛骨棘的觸診①

在進行肩胛骨棘的觸診時，要讓病患俯臥。為了確認肩胛骨棘的大概位置，要用兩手手掌輕輕地壓迫病患的背部上方，便可以觸摸到往內外側延伸的棒狀隆起，這就是肩胛骨棘。

圖1-6　肩胛骨棘的觸診②

掌握了肩胛骨棘的大概位置之後，就對肩胛骨棘上緣進行觸診。手指要從頭側的方向來觸診。要對肩胛骨棘下緣進行觸診，手指就要從尾側方向來觸摸（圖中顯示是肩胛骨棘上緣的觸診）。

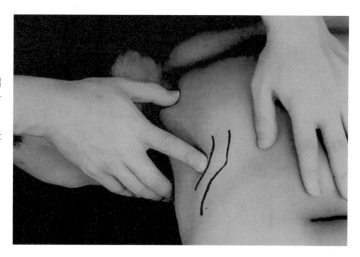

圖1-7　肩峰的觸診

從肩胛骨棘下緣開始往外側方向觸摸出去，會觸診到往前方彎曲的骨頭，這個骨頭就是肩峰角，其角度幾乎呈直角（→）。從這個肩峰角開始，往前方展開的扁平狀骨頭就是肩峰。肩峰前方則是和鎖骨所形成的關節（肩鎖關節）。肩鎖關節是肩胛骨運動的支點。肩峰是斜方肌中間纖維的止端和三角肌中間纖維的起端。此外，在測量上肢長度時，會以肩峰這個部位作為一個重要的定位點。

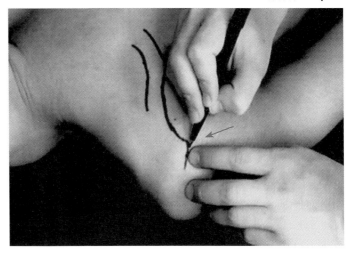

圖1-8　棘三角的觸診

進行棘三角的觸診時，要往內側方向對肩胛骨棘的上緣到下緣部份（圖中是下緣部份）進行觸摸。肩胛骨棘的隆起會逐漸減少，並能觸診到它開始平坦化，就像三角洲一樣，這個三角洲的部位就是棘三角。棘三角是斜方肌下方纖維的止端，其也能作為區分大菱形肌和小菱形肌肌肉間的指標。

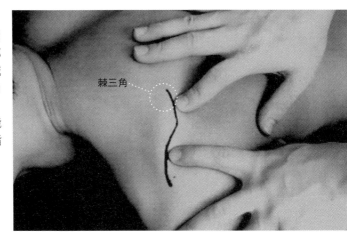

棘三角

Skill Up

Swimmer's shoulder

主要為游泳選手進行自由式或蝶式時特別會產生的疼痛。也是在肩膀進行旋轉運動的過程中，肱二頭肌長頭肌腱或是棘上肌，在喙突肩峰弓產生衝突或摩擦，所導致的肩關節前方疼痛的總稱。在進行自由式時，最容易出現此症狀的期間就是回位的後半期至入水動作的期間。

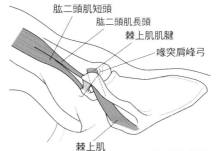

肱二頭肌短頭
肱二頭肌長頭
棘上肌肌腱
喙突肩峰弓
棘上肌

修改自文獻2-4）

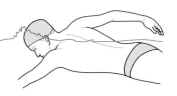

入水 ←————————————— 回位的後半期

內側緣 medial border
上角 superior angle
下角 inferior angle

解剖學上的特徵

● 形狀上的特徵

內側緣：形成肩胛骨內側的邊緣稱為內側緣。

上角：由肩胛骨內側緣和上緣所形成的三角形，稱為上角。

下角：由肩胛骨內側緣和外側緣所形成的三角形，稱為下角。

● 附著的肌肉

內側緣：大菱形肌、小菱形肌、前鋸肌止於此處。

上角：上角位於第一、第二胸椎棘突之間。提肩胛肌的止端位於構成上角的內側緣。

下角：下角位於第七、第八胸椎棘突之間，有一部份的大圓肌及闊背肌也是起始於下角。

臨床相關

● 當前鋸肌麻痺時，舉起上肢就能觀察到肩胛骨內側緣浮現於胸腔上的現象，此現象就稱為翼狀肩胛（winging scapula）。

● 在三角肌緊縮症等疾病裡，病患的上肢不論是採取上舉還是下垂的位置，其肩胛骨都會被拉到上肢部位。因此，當上角和下角沒有位於平常的位置時，就要特別注意了。

● 在胸廓出口症候群牽拉型的病例裡，如果使上肢呈下垂位並從後方觀察的話，則大多會看到肩胛骨下角部突起於胸腔上的情況。類似這樣的病例，經常會出現斜方肌中間纖維或下方纖維的肌力異常下降的情況，因此要特別注意。

相關疾病

長胸神經麻痺、副神經麻痺、肩胛體部骨折、三角肌緊縮症[參考P.23]、胸廓出口症候群、高肩胛症（sprengel畸形[參考P.23]）、snapping scapula等等。

圖1-9 內側緣、上角、下角

圖中手指所指之處就是肩胛骨內側往上下兩方延伸所形成的內側緣。上角所指的是由內側緣和上緣所構成的三角形,而下角則是指由內側緣和外側緣所構成的三角形。

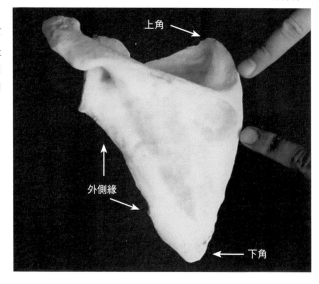

圖1-10 附著於上角、下角的肌肉

提肩胛肌止於上角,要注意的是,其附著部位位於構成上角的內側緣。大圓肌和闊背肌則是起始於下角。

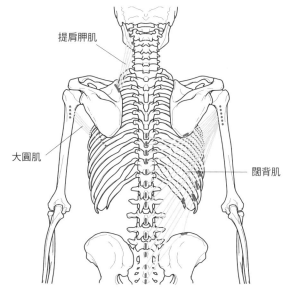

圖1-11 上角、下角的位置

上角的正常位置是在第一胸椎(T1)棘突和第二胸椎(T2)棘突之間,下角的正常位置則是在第七胸椎(T7)棘突和第八胸椎(T8)棘突之間。此外,在與肋骨的關聯上,上角和第二肋骨的位置是一致的。下角則是和第七肋骨的位置一致。在治療肩關節的疾病時,一開始可以先從後側確定肩胛骨的位置。

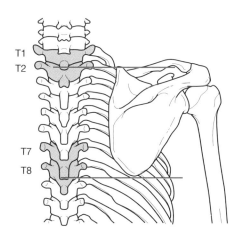

圖1-12　內側緣的觸診

進行內側緣的觸診時要讓病患俯臥，並針對所要進行觸診的肩關節進行被動伸展、內收、內旋運動(→)。藉由這些動作，內側緣會從胸腔浮起，因而容易判定位置所在。掌握了內側緣的大略位置後，再使肩關節回到原本的位置。手指與內側緣呈直角並進行觸診。

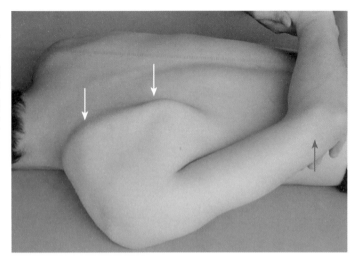

圖1-13　上角的觸診①

手指沿著內側緣往頭側方向前進，如此就能觸診到由上緣和內側緣所構成的上角。在觸診上角時所要注意的地方在於：通過棘三角之後不要因為內側緣就在附近而將手指稍微向前傾斜。進行觸診時，手指稍微下壓就可以了。

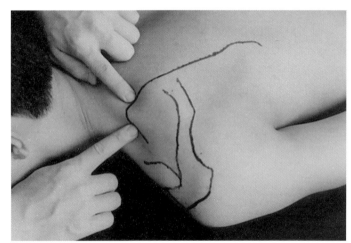

圖1-14　上角的觸診②

確認上角的位置之後，接著就要確認提肩胛肌和上角之間的關係。提肩胛肌止於形成上角的內側緣，因此手指要放在上角的尖端部位，讓病患進行肩胛骨上舉運動就能觸摸到提肩胛肌收縮的現象。此外，即使不進行上舉運動，當從上角尖端移動1根半至2根手指寬的距離時，就能觸診到略呈圓形的肌腹。

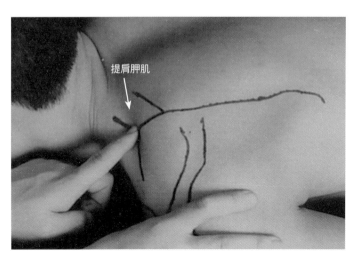

提肩胛肌

圖1-15　上角、下角的觸診①

在確認了上角的位置之後，如果將其中一隻手置於上角並往遠側方向往下按，則從下角也可以感覺到這個動作。用這個方法就能掌握下角的大略位置，相反地，也能掌握上角的大略位置。特別是當斜方肌呈現強烈緊繃而難以找到上角時，便能利用這個方法。

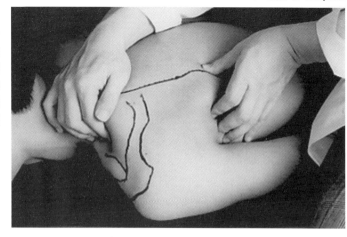

圖1-16　上角、下角的觸診②

掌握了下角的大略位置之後，就開始觸診由內側緣和外側緣所構成的下角。因為壓迫容易使骨頭移動，所以在進行觸診時，要從內側緣和外側緣兩側以夾住下角的方式來進行（→）。和上角相比，下角覆蓋於表面的肌群比較薄。因此，如果病患比較瘦時，用視覺很容易就能辨別下角的位置。此外，下角的尖端部份可作為區分大圓肌和闊背肌的標誌。

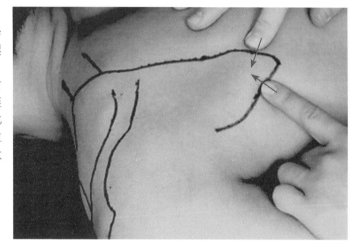

Skill Up

三角肌緊縮症

發病原因多為「病患從小就對三角肌進行多次注射」所致。肩峰部位（中間纖維）是主要的發病位置，這將使得肩關節的內收受到限制。

高肩胛症（參考圖例）

又稱為sprengel畸形是指「出生了三個月之後的嬰兒，其肩胛骨的位置原本應該要下降，但是卻出現了仍停留在剛出生時的高度」的現象。大多發生在男嬰身上，多為單側，這將使得肩關節的上舉和外展受到限制。

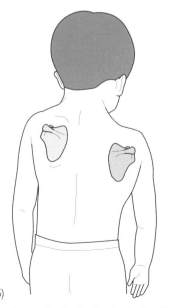

修改自文獻(5)

盂下結節 infra-glenoid tubercle
喙突 coracoid process

解剖學上的特徵

● **形狀上的特徵**

　盂下結節：是位於肩胛骨關節盂下方的隆起。

　喙　突：是位在關節盂內側上方的突起。喙突幾乎是從底部便開始彎成直角，越靠近尖
　　　　　端的部份會逐漸變成扁平狀。

● **附著的肌肉**

　盂下結節：是肱三頭肌長頭的起端位置。

　喙　突：從上方內側開始有圓錐狀韌帶、菱形韌帶、喙突肩峰韌帶附著；從下方內側開
　　　　　始則是有胸小肌、喙肱肌、肱二頭肌短頭起始於此處。

臨床相關

● 為throwing shoulder之一的Bennett骨刺[參考P.25、P.27]，是在盂下結節附近延伸出來的骨
　贅。肩關節後側下方的關節囊僵硬或是肱三頭肌長頭的過度牽引被認為是發病的原因。

● 附著於喙突的菱形韌帶、圓錐狀韌帶如果斷裂，就會產生肩鎖關節脫位。

● 喙突炎為肩關節周圍炎的病症之一，為動力學的壓力對附著於喙突的肌肉、韌帶等部位產
　生作用而形成的著骨點發炎[參考P.27]。

相關疾病

肩胛骨關節盂骨折、Bennett骨刺、throwing shoulder、肩鎖關節脫位、喙突骨折、喙突炎等
等。

圖1-17　喙突的周邊解剖

圖中手指所指之處就是喙突。喙突是從肩
胛骨肋面外側上方開始往骨頭方向突出的
突起。喙突的底部內側會連接到肩胛上切
跡。肩胛上神經會通過肩胛上切跡。

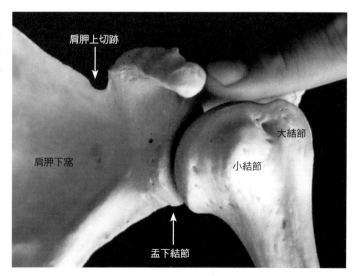

肩胛上切跡

大結節

肩胛下窩

小結節

盂下結節

圖1-18　附著於盂下結節、喙突的軟組織。

肱三頭肌長頭起始於盂下結節。在喙突則是有三條肌肉和三條韌帶附著著。不論是連結至上方部位或下方部位，喙突都是有如軸心般重要的骨頭部位。

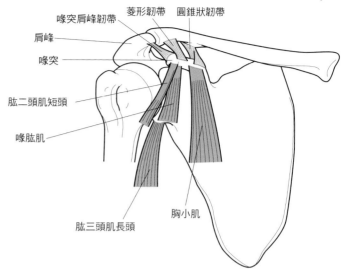

喙突肩峰韌帶
菱形韌帶
圓錐狀韌帶
肩峰
喙突
肱二頭肌短頭
喙肱肌
肱三頭肌長頭
胸小肌

圖1-19　喙突在形狀上的特徵

從肩胛骨開始往前側上方突出的喙突，其狀態類似一根彎曲的手指。右圖是描繪左手食指彎曲時，從橈側方向所看到的印象圖。手掌的部份相當於關節窩。

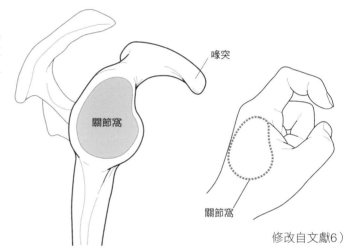

喙突
關節窩
關節窩

修改自文獻6）

圖1-20　Bennett骨刺的X光片

治療throwing shoulder的時候，對於肩關結後方會感到疼痛的病例，有必要確認盂下結節附近是否有Bennett骨刺（→）。有Bennett骨刺就代表投球動作的過程已經對肩關節後側下方部位產生過度牽引（hyper-traction）的影響。

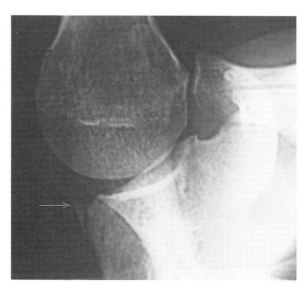

轉載自文獻7）

圖1-21　盂下結節的觸診

圖中手指所指之處就是盂下結節。在觸診了肩胛骨下角之後，接著再沿著外側緣往肩關節方向進行觸診。仔細觸摸就能感覺到盂下結節的膨脹觸感。在此同時，可以讓肘關節進行伸展，並對肱三頭肌長頭的收縮情況進行確認。

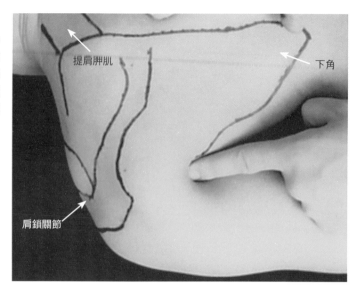

圖1-22　喙突的觸診①

讓病患呈坐姿，並確認鎖骨的全長。接著，將鎖骨全長分為三等分，從外側1/3的位置開始往尾側方向移動，並在距離約1～1.5根手指寬的地方進行壓迫，如此就能觸診到喙突了。沿著喙突的骨緣往外側觸診過去，可以確認出喙突的尖端位置。

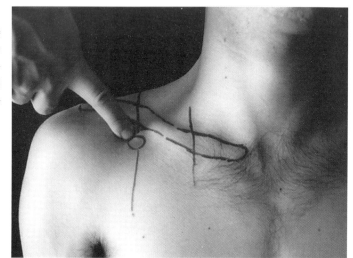

圖1-23　喙突的觸診②

將其中一隻手的手指放在喙突的位置，再用另一隻手掌握住肩胛骨下方，並使肩胛骨動起來。肩胛骨活動時，放在喙突上的手指可以觸診到喙突隨著肩胛骨一起動起來的情況。如果喙突沒有移動，可能就是摸到喙突以外的隆起了。

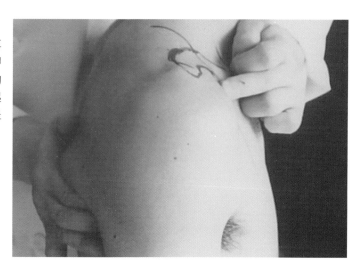

圖1-24　喙突的觸診③

讓病患的肘關節屈曲，確認肱二頭肌短頭的位置。將手指放在肱二頭肌短頭的肌腹上，在肘關節進行屈曲運動的過程中，往近側方向尋找產生收縮的肱二頭肌短頭。過程中，雖然短頭肌腱會進入胸大肌深部，但只要觸診方向正確，就能觸摸到喙突。

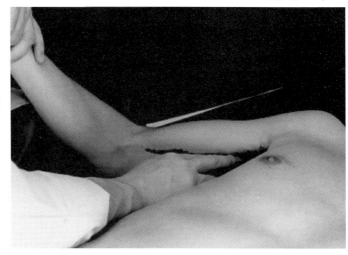

II 骨骼

Skill Up

Bennett骨刺

throwing shoulder之一，在投球時肩關節後方會感到疼痛。其大多為肩關節後方的結締組織緊縮所致。骨贅如果太大，有時會對腋神經造成刺激。

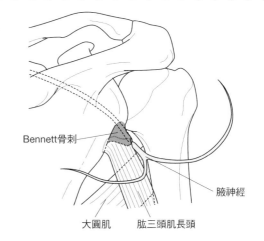

Bennett骨刺

腋神經

大圓肌　　肱三頭肌長頭

著骨點發炎

為肌肉或韌帶的附著處受到重複受壓作用，而產生的一種慢性外傷。在上肢，除了會發生喙突炎外，也會發生外側肱骨髁上炎、內側肱骨髁上炎；在下肢，則有鵝掌肌滑囊炎、膝蓋肌腱炎等一般診療時的常見疾病。

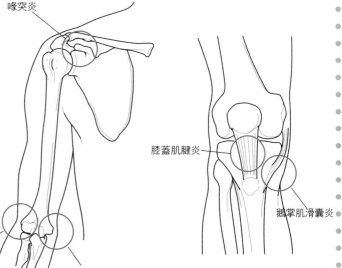

喙突炎

膝蓋肌腱炎

鵝掌肌滑囊炎

外側肱骨髁上炎

內側肱骨髁上炎

2 | 鎖骨 clavicle

鎖骨體 shaft of clavicle
肩鎖關節 acromio- clavicular joint
胸鎖關節 sterno- clavicular joint

解剖學上的特徵

● **鎖骨體** ：是去除鎖骨兩端之後所剩下的部份，形狀呈S形彎曲。內側2/3的部份會往前方凸起，而外側1/3的部份則往後方凸起。從水平面上所看到的是S形彎曲，從額狀面所能看到的是呈一直線的棒狀骨頭。

● **肩鎖關節**：是在鎖骨肩峰端和肩峰關節面之間所形成的關節。肩峰端會從鎖骨體開始逐漸地扁平化，且前後直徑開始變寬。在肩鎖關節裡存在著關節盤，其能提高關節的協調性。

● **胸鎖關節**：是在鎖骨胸骨端，與胸骨柄的鎖骨切跡之間所形成的關節，鎖骨端會從鎖骨體開始逐漸膨脹。在胸鎖關節裡存在著關節盤，其能提高關節的協調性。

臨床相關

● 鎖骨骨折是人體裡發生頻率很高的骨折之一，且幾乎都發生在鎖骨體。
● 肩鎖關節是肩胛骨運動的支點。
● 肩鎖關節脫位起因於肩峰鎖骨韌帶、菱形韌帶、圓錐狀韌帶的斷裂，piano key sign[參考 P.31]是相當明顯的代表性特徵。
● 若肩關節屈曲到90°以上會產生疼痛，則起因多為肩鎖關節的機能障礙。
● 胸鎖關節是鎖骨運動的支點。
● 胸鎖關節的前方脫位是肩胛骨強制內收過度所致，其病症為胸鎖前韌帶斷裂。後方脫位則是肩胛骨強制外展過度的結果，其病症為胸鎖後韌帶斷裂。

相關疾病

鎖骨骨折、肩鎖關節脫位、胸鎖關節脫位等等。

圖2-1　鎖骨的形狀

鎖骨的S形彎曲，從上方觀察便一目了然。前方凸起的部份就是胸大肌鎖骨纖維的起端位置，而後方凸起的部份則是斜方肌上端纖維的止端位置，以及三角肌前端纖維的起端位置。從前方觀察鎖骨，可以看出其為一直線的狀態。

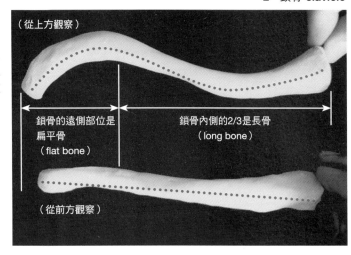

（從上方觀察）

鎖骨的遠側部位是扁平骨（flat bone）

鎖骨內側的2/3是長骨（long bone）

（從前方觀察）

圖2-2　作為肩胛骨運動支點的肩鎖關節

肩鎖關節（→）的功能在於作為肩胛骨運動的支點。圖左到圖右的肩胛骨運動是表示向上旋轉（upward rotation）。相反地，從圖右到圖左的旋轉運動稱為向下旋轉（downward rotation）。

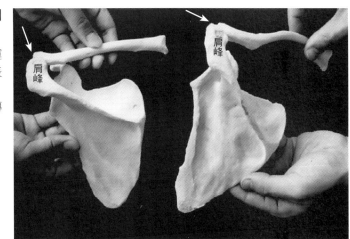

肩峰

肩峰

圖2-3　作為鎖骨運動支點的胸鎖關節

胸鎖關節（→）的功能是作為鎖骨運動的支點。從圖左到圖右的鎖骨運動表示鎖骨的上舉運動（elevation）。相反地，從圖右回到圖左的運動則稱為下壓運動（depression）。此外，鎖骨以胸鎖關節為中心，往前方移動的運動稱為屈曲（flexion），往後方移動的運動則稱為伸展（extension）。

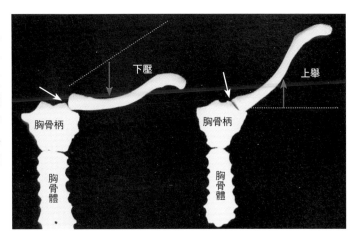

下壓

上舉

胸骨柄

胸骨柄

胸骨體

胸骨體

II
骨骼

圖2-4 胸鎖關節脫位狀態的差異
（水平切面）

發生於胸鎖關節的脫位，會取決於外力所施加的方向。當外力從後方施加，使肩胛骨過度外展的同時，鎖骨會受到強行屈曲，因而造成後方脫位（a）。相反地，當外力從前方施加，使肩胛骨過度內收的同時，鎖骨會受到強行伸展，造成前方脫位（b）。在臨床上，前方脫位的發生頻率高，這點十分明顯，至於後方脫位的發生頻率可以說是相當地少。

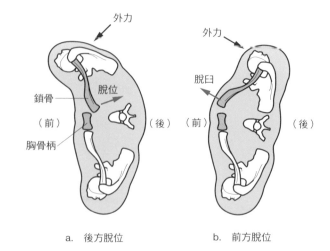

a. 後方脫位   b. 前方脫位

圖2-5 鎖骨的觸診

在觸診鎖骨時要讓病患呈仰臥姿勢。鎖骨體很容易用視覺進行分辨，所以要觸診並不困難。在水平面上標示鎖骨並進行觸診，便能觀察到鎖骨獨特的S形彎曲。往外側延伸會連接到肩鎖關節，往內側延伸則是連接到胸鎖關節。

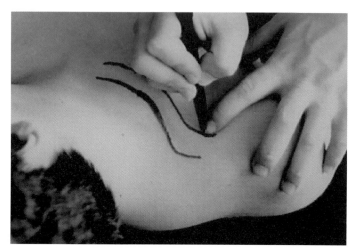

圖2-6 鎖骨遠端、肩鎖關節的觸診

從鎖骨體的前緣開始往外側觸摸出去，就會觸摸到肩鎖關節的前方部位。如果是從鎖骨的後緣開始觸診的話，由於肩胛骨和鎖骨之間的空隙相當狹小，所以仔細分辨位置是重點所在，如此就能觸摸到肩鎖關節的前方部位了。

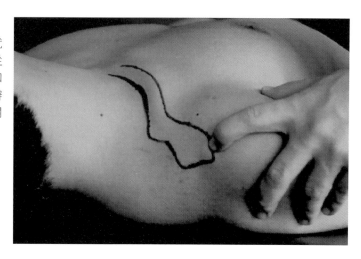

圖2-7　肩鎖關節的觸診

確認了肩鎖關節的關節裂縫位置之後，就要讓病患呈側臥姿勢，並反覆進行肩胛骨的外展、內收運動。確認肩峰外展時往前方滑動的情況，以及內收時往後方滑動的情況，就可以理解肩胛骨在鎖骨部位所能進行的運動了。

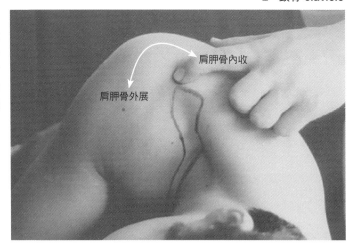

肩胛骨內收
肩胛骨外展

圖2-8　胸鎖關節的觸診

觸診胸鎖關節的時候，要讓病患呈仰臥姿勢。確認了鎖骨的胸骨端位置之後，要讓病患反覆進行肩帶的上舉和下壓運動。觸診時，要針對上舉時鎖骨胸骨端往下方滑動的情況，以及下壓時鎖骨胸骨端往上方滑動的情況來進行。

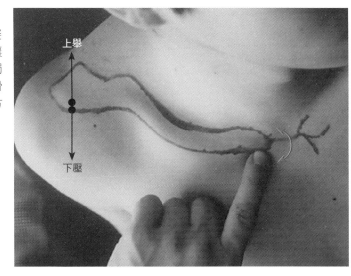

上舉
下壓

Skill Up

piano key sign

是肩鎖關節脫位時所能看到的一種代表性物理特徵。當肩峰鎖骨韌帶、菱形韌帶、圓錐狀韌帶發生斷裂時，鎖骨會被斜方肌拉至上方，使鎖骨的遠端突出於上方。此時，即使手指往下按，鎖骨也會像鋼琴鍵一樣，回復或往上方移位的現象。

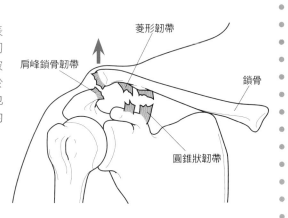

菱形韌帶
肩峰鎖骨韌帶
鎖骨
圓錐狀韌帶

大結節 greater tubercle
小結節 lesser tubercle
結節間溝 groove of intertubercle

解剖學上的特徵

● **大結節** ：是位於結節間溝外側的骨隆起。大結節的上方是棘上肌的止端位置，後面是棘下肌。後面下方則是小圓肌的止端位置。

● **小結節** ：是位於結節間溝內側的骨隆起。小結節為肩胛下肌的止端位置。

● **結節間溝**：存在於大結節和小結節之間的溝。肱二頭肌長頭肌腱會通過結節間溝，而且肱二頭肌長頭肌腱接著會通過肌腱間隔，並附著於上盂唇處。

臨床相關

● 肌肉的肌腱有三條終止於大結節上，因此大結節是肩關節動態穩定結構裡的重要部位。

● 在大結節到達肩峰下之前，該區間稱為pre-rotational glide。當大結節位於肩峰下的時候，此區間稱為rotational glide。在大結節通過肩峰下之後，其區間則稱為post-rotational glide。

● 大結節無法順利通過肩峰下空腔的現象，就稱為肩峰下夾擠症候群。Painful arc sign則是這個疾病的特殊現象[參考P.35]。

● 小結節為肩胛下肌的止端，而肩胛下肌則是唯一支持肩關節前方的肌肉。對於復發性肩關節脫位等疾病來說，必須針對肩胛下肌集中地進行肌力訓練。

● 在結節間溝部位進行的肱二頭肌長頭肌腱炎的誘發測試裡，Yergason test[參考P.35]是相當有名的測試方法。

相關疾病

大結節骨折、小結節骨折、肱骨外科頸骨折、肱骨近端骨髓炎、肩峰下夾擠症候群、肌腱群受傷、肱二頭肌長頭肌腱炎、肱二頭肌長頭肌腱滑脫跟斷裂、復發性肩關節脫位、throwing shoulder……等等。

圖3-1　肱骨近側部位的解剖
（右肱骨）

大結節和小結節之間存在著結節間溝，而肱二頭肌長頭肌腱會通過這裡。在大結節、小結節的遠側存在著外科頸，這是高齡者經常發生骨折的部位。

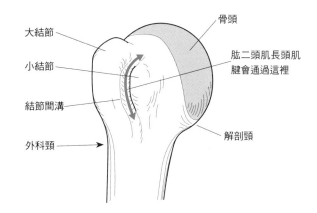

骨頭
大結節
小結節
肱二頭肌長頭肌腱會通過這裡
結節間溝
解剖頸
外科頸

圖3-2　肌腱的附著方式和功能
（右肱骨）

此圖是顯示肌腱止於肱骨的情形。棘上肌（S）止於大結節的上面，棘下肌（I）止於大結節的後面；小圓肌（T）止於大結節的後面下方，肩胛下肌（SS）止於小結節。肌腱像是抓住肱骨骨頭一樣地使其安定，並形成了對關節運動能產生作用的支點。

SS：肩胛下肌（subscapularis muscle）
S　：棘上肌（supraspinatus muscle）
I　：棘下肌（infraspinatus muscle）
T　：小圓肌（teres minor muscle）

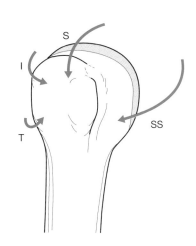

圖3-3　肩關節位置和長頭肌腱滑動方向的關係

此圖顯示當肩關節位置有所變化時，長頭肌腱的滑動方向會有什麼樣的變化。在肩關節呈內旋、外展位時，長頭肌腱會往遠側滑動；在外旋、內收位時，則會往近側滑動。換句話說，可以得知在外旋、內收方向時，長頭肌腱會產生拉緊的現象。

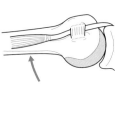

中間位　　　　內旋位　　　　外旋位　　　　內收位　　　　外展位

圖3-4 旋轉位置和大、小結節的位置關係

此圖表示當肩關節旋轉位置產生變化時，大結節和小結節的位置關係會跟著產生什麼樣的變化。當肱骨進行外旋時，小結節會位於前方（圖左）；當肱骨進行內旋時，大結節則會位於前方（圖右）；當肱骨旋轉到中間位時，結節間溝則會位於前方。

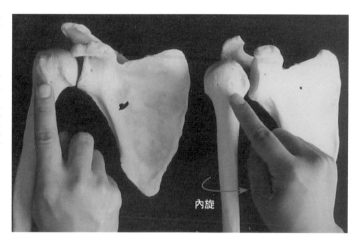

圖3-5 結節間溝的觸診①

喙突和小結節幾乎處於相同的高度。以喙突為指標進行觸診，接著畫出一條連接至肱骨長軸上的直線。然後，要將肩關節旋轉至中間位，讓病患反覆進行前臂旋後運動，此時的肱二頭肌長頭會產生收縮，而診療者便沿著肱二頭肌長頭的外側緣對其收縮狀態進行觸診。

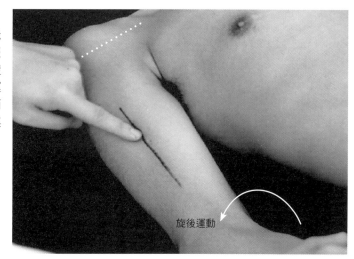

圖3-6 結節間溝的觸診②

繼續對肱二頭肌長頭進行觸診，直到觸摸到用來表示喙突高度的那條指標線，如此就能觸診到夾在大結節和小結節之間的結節間溝了。診療者要將手指放在結節間溝，並使肱二頭肌持續地收縮，如此就能得知肱二頭肌長頭肌腱往關節內部的走向。

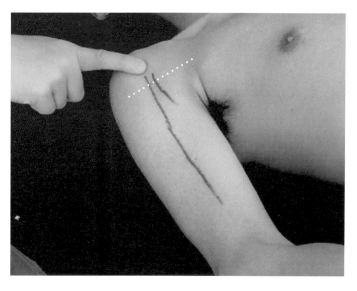

圖3-7　小結節的觸診

進行小結節的觸診時，診療者要將手指放在結節間溝，使病患的肩關節慢慢地進行外旋。隨著外旋範圍的擴大，便能觸診到小結節經過手指的下方。圖中所顯示的是外旋至極限位置時的狀態。以此姿勢，手指便能觸摸到小結節的前方部位。

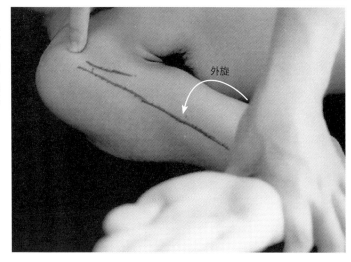

外旋

圖3-8　大結節的觸診

大結節的觸診方式和小結節相同。一開始的動作是將手指置於結節間溝，讓病患的肩關節慢慢內旋，如此就能觸診到大結節通過手指的下方。當病患的前臂碰到身體，使內旋無法維持在一定的範圍時，可以增加肩關節的屈曲角度。圖中是診療者在結節間溝確認了大結節的位置之後，手指往後方移動而觸摸到大結節後方部位的情況。

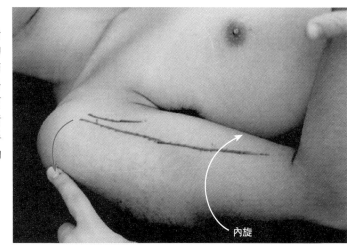

內旋

II 骨骼

Skill Up

Painful arc sign

這是肩峰下夾擠症候群的一種理學特徵。病患在外展於80～120°的範圍時會感到疼痛，而在其他範圍時則不會感到疼痛。

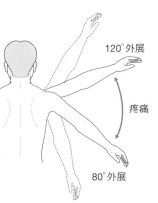

120° 外展

疼痛

80° 外展

Yergason test

是用來調查肱二頭肌長頭肌腱異常與否的測試方式。將肘關節屈曲至90°，接著進行旋後運動並施加抵抗，如此便會引發疼痛。

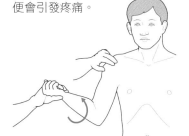

外上髁 lateral epicondyle
內上髁 medial epicondyle

解剖學上的特徵

- **外上髁**：是位於肱骨遠端外側的骨隆起，是前臂伸肌群和外側副韌帶的起端位置。
- **內上髁**：是位於肱骨遠端內側的骨隆起，是前臂屈肌群和內側副韌帶的起端位置。

臨床相關

- 通過外上髁和內上髁的線，能作為肘關節基本的屈伸軸。
- 一般俗稱的網球肘，是指發生在外上髁肌群的著骨點發炎。
- 一般所說的棒球肘，是指發生在內上髁肌群的著骨點發炎。
- 外上髁、內上髁會作為測量各個肢體長度、周長的定位點。

相關疾病

外側肱骨髁上炎、內側肱骨髁上炎、外側副韌帶損傷、內側副韌帶損傷、外上髁撕裂性骨折、內上髁撕裂性骨折等等。

圖3-9　肱骨遠側部位的骨頭解剖

肱骨的遠側部位和偏圓柱形的骨幹部位相比，前後顯得又薄又扁平。在內髁、外髁裡最突出的骨隆起分別為內上髁、外上髁。

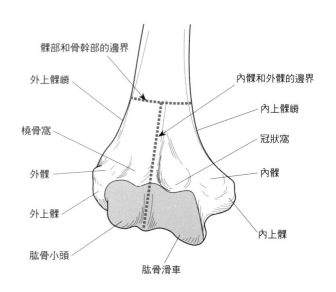

髁部和骨幹部的邊界

外上髁嵴

橈骨窩

外髁

外上髁

肱骨小頭

內髁和外髁的邊界

內上髁嵴

冠狀窩

內髁

內上髁

肱骨滑車

圖3-10　Hüter line和Hüter triangle

肘關節呈伸展位時，鷹嘴會位於由內上髁和外上髁所連結而成的線上，這條線就是Hüter line（圖左）。

肘關節呈屈曲位時，由內上髁、外上髁和鷹嘴各自頂點所構成的三角形就是Hüter triangle（圖右）。

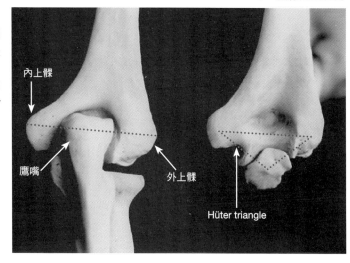

內上髁

鷹嘴

外上髁

Hüter triangle

圖3-11　內上髁的觸診

進行內上髁的觸診時，要從內側和外側二邊夾起肱的遠側部位，並輕輕地進行壓迫。在內側所觸摸到的最突出的骨隆起，就是內上髁。診療者的手指觸摸內上髁，並讓肘關節進行屈曲和伸展，要確認觸診部位不會隨屈曲和伸展運動而移動。圖中，診療者的手指所指之處就是內上髁。

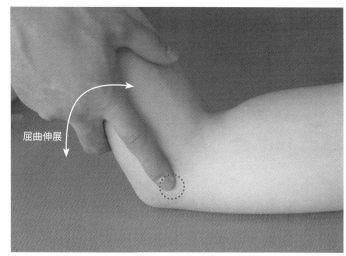

屈曲伸展

圖3-12　外上髁的觸診

進行外上髁的觸診時，要從內側和外側二邊夾起肱的遠側部位，並輕輕地進行壓迫。在外側所觸摸到的最突出的骨隆起，就是外上髁。診療者手指觸摸外上髁並進行前臂的旋前及旋後運動，要確認觸診部位不會隨旋前及旋後運動而移動。如果觸診部位隨旋前、旋後而移動，則是觸診到橈骨頭。因此，可以再稍微往近側搜尋。圖中，診療者的手指所指之處就是外上髁。

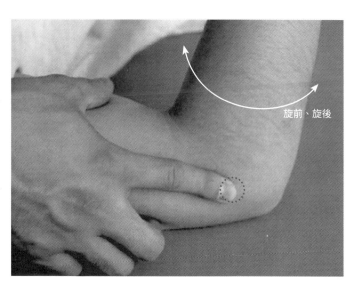

旋前、旋後

肱骨小頭 capitellum

解剖學上的特徵
● 肱骨小頭是構成肱橈關節近側部位的軟骨。
● 肱骨小頭形狀為圓頂狀，關節面的方向跟肱骨長軸呈90°，並朝向前方。
● 肱橈關節的協調程度最好的時候，是在肘關節呈90°屈曲位的時候。

臨床相關
● 得到棒球肘的病患若是外側會感到疼痛，便可能是肱骨小頭出現了軟骨疾病。
● 肘關節的osteoarthritis of the elbow若是出現惡化，則大多以小頭為開端，並從肱橈關節開始惡化。
● 小頭和橈骨頭之間的結構關係為球窩關節。肱橈關節會對旋轉運動產生影響。

相關疾病
分離性骨軟骨炎、osteoarthritis of the elbow、肱骨小頭骨折等等。

圖3-13　肱骨滑車和小頭
此圖顯示從遠側方向所看到的肱骨遠側部位。相對於滑車從前方至後方都被軟骨覆蓋著的情況，小頭則是只有在肱骨腹側位置有軟骨存在，其形狀為圓頂狀。

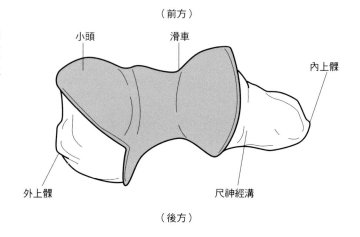

（前方）
小頭　　滑車　　內上髁
外上髁　　尺神經溝
（後方）

圖3-14　肱骨小頭的觸診①

此處以肱骨小頭的骨頭標本來說明觸診的方法。因為小頭的位置跟肱骨長軸呈90°，且位在前方，所以肘關節呈伸展位時，屈肌會形成阻礙，導致觸診的進行困難。要觸診小頭，手指要放在橈骨頭的背側近端位置。在肘關節的屈曲過程中，手指要貼著橈骨頭並跟著移動，如此就能觸診到小頭了。

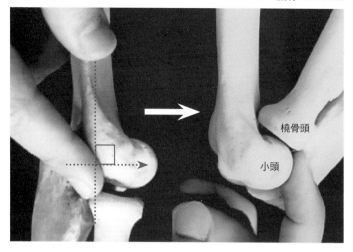

橈骨頭

小頭

圖3-15　肱骨小頭的觸診②

讓病患前臂進行被動旋前和旋後運動，並對橈骨頭的位置進行確認。手指放在病患橈骨頭的背側近端位置，接著讓病患的肘關節慢慢屈曲，而手指則是隨著橈骨頭移動。

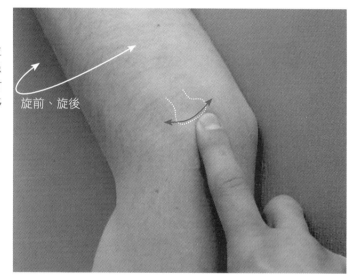

旋前、旋後

圖3-16　肱骨小頭的觸診③

在手指不離開橈骨頭的情況下，讓肘關節逐漸地屈曲。當屈曲角度約超過90°時，就能觸摸到肱骨小頭了。極度屈曲時，可以觸診到整個呈圓頂狀的小頭。如果繼續觸摸著小頭並移動手指的話，就能有軟骨微微摩擦的觸感，輕輕壓迫時還能感覺到軟骨的特有彈性。

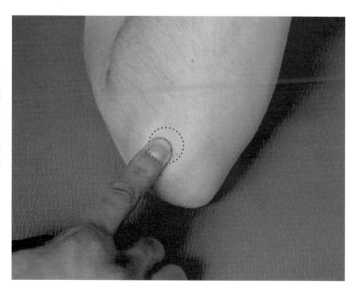

II 骨骼

鷹嘴窩 olecranon fossa
肱骨滑車 trochlea

解剖學上的特徵

● 鷹嘴窩位在肱骨背側遠端的凹陷部位。當肘關節伸展時，尺骨的鷹嘴正好會嵌進這個位置。

● 肱骨滑車是個纏線板狀的軟骨，也是構成肱尺關節的要素。

● 後關節囊展開於鷹嘴窩周圍及鷹嘴邊緣，因而形成了關節腔。

● 在關節腔內部，有肱尺關節、肱橈關節、近側橈尺關節，這幾個關節全都包含在同一個關節腔內。

臨床相關

● 增長於鷹嘴窩的骨贅，會成為限制肘關節伸展的原因，因此會依情況來進行人工關節置換手術。

● 縱走於滑車中央的中央溝有三大類型，其決定了屈曲時的運動面。

● 滑車骨折代表肱尺關節破裂，對於這種骨折要進行正確的解剖學復位和堅固的內固定，如果不盡早進行運動治療的話，一定會發生肘關節機能損傷的情況。

相關疾病

osteoarthritis of the elbow、肱骨滑車骨折、肱骨髁上骨折、肘外翻、肘內翻[參考p.42]、肘關節緊縮等等。

圖3-17　鷹嘴窩和肱骨滑車

此圖顯示從背側方向所看到的肱骨遠側部位。在滑車近側，有個肘關節伸展時鷹嘴可以完全嵌入的鷹嘴窩。肱骨滑車與尺骨的滑車切跡相接，形成了肱尺關節。

肱尺關節被歸類為蝸狀關節，是個只能進行屈曲伸展的單軸關節。

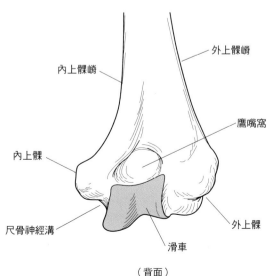

外上髁嵴

內上髁嵴

鷹嘴窩

內上髁

尺骨神經溝

外上髁

滑車

（背面）

圖3-18 肘關節後關節囊的附著部位

此圖是從肘關節後方顯示關節囊的附著部位。關節囊展開於鷹嘴窩周圍和鷹嘴邊緣，附著範圍很廣，內側是內側副韌帶的後方，外側則是到外側副韌帶的後方，如此形成了一個關節腔。

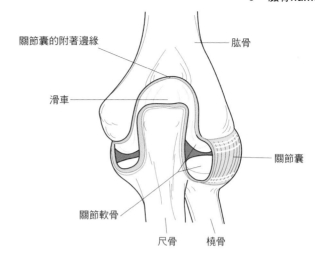

關節囊的附著邊緣
肱骨
滑車
關節囊
關節軟骨
尺骨　橈骨

圖3-19 中央溝的走向和屈曲時的前臂偏移

滑車中央有個中央溝，其走向大致分為三種。在TypeⅠ中央溝的走向和肱骨長軸方向一致，前臂屈曲時會和肱骨在同一個位置上。TypeⅡ是中央溝呈外翻方向延伸，前臂屈曲時會偏向肱骨外側。TypeⅢ則正好相反，屈曲時前臂會偏向肘骨內側，這是只有單軸蝸狀關節才看得到的現象。

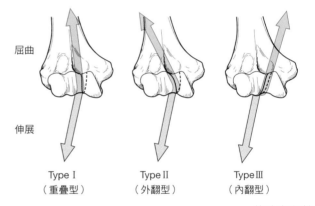

屈曲

伸展

TypeⅠ
（重疊型）

TypeⅡ
（外翻型）

TypeⅢ
（內翻型）

修改自文獻8）

圖3-20 鷹嘴窩和肱骨滑車的觸診①

進行鷹嘴窩和滑車的觸診時，要讓病患的肘關節呈伸展位，並確認鷹嘴的位置。手指放在鷹嘴的背側近端處，然後讓肘關節慢慢地屈曲。屈曲時，注意不要讓手指遠離鷹嘴。

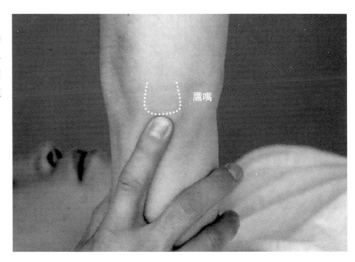

鷹嘴

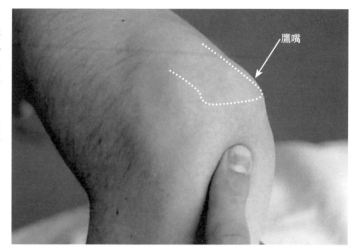

圖3-21　鷹嘴窩和肱骨滑車的觸診②

當病患的肘關節屈曲超過90°的時候，診療者用手指輕輕地壓迫肱骨就能觸摸到鷹嘴窩的凹陷處。在鷹嘴窩緊縮的病例裡，則可以感覺到結痂組織沈澱在鷹嘴窩及關節囊僵硬（stiffness）。讓肘關節更加屈曲，手指從鷹嘴窩開始往遠側移動，如此能觸摸到滑車特有的纏線板形狀及軟骨的彈性。

鷹嘴

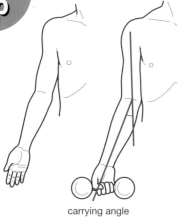

carrying angle

肘內翻

肘外翻

修改自文獻（9）

Carrying angle和肘關節畸形

Carrying angle（外偏角）

當肘關節完全伸展時，前臂會遠離身軀而呈外翻位置，這時候由上臂長軸和前臂長軸所形成的角度就稱為Carrying angle（外偏角）。正如圖中所示，肘關節在搬運重物時會明顯呈現外翻角度，也因此而有了這樣的名稱。正常角度是男性為5°，女性為10°～15°。

肘內翻（cubitus varus）

肘內翻大多是因為肱骨髁上骨折之後的旋轉畸形以及生長障礙所致。肘關節會因此產生畸形而使得Carrying angle的方向偏向身軀。

肘外翻（cubitus valgus）

肘外翻大多是因為肱骨髁上骨折之後而產生的生長障礙所致，肘關節會因此產生畸形，導致Carrying angle的方向更加遠離身軀。出現肘外翻時必須注意遲發性的尺神經麻痺。

尺神經溝 groove of ulnar nerve

解剖學上的特徵

- 是位在肱骨內上髁後方的溝,就如同名稱所表示的,尺神經會通過這個溝。
- 位於肘關節內側且有尺神經進入的管,稱為肘管。肘管是由內上髁、滑車內側緣、fibrous band和尺側腕屈肌腱弓所構成。
- 肘關節屈曲時,尺神經會張力升高;肘關節伸展時,尺神經則會鬆弛。

臨床相關

- 尺神經發生在肘管的絞扼性神經障礙,總稱為肘隧道症候群。
- 在肘隧道症候群的檢查方法裡,Tinel徵候、肘部彎曲試驗、江川徵候等方法對於臨床十分有用[參考p.45]。
- 引起尺神經絞扼的原因,除了初次發病之外,有時osteoarthritis of the elbow所造成的骨贅增長,以及肘關節內側部位形成結疤所造成的神經滑動障礙等原因,也都會導致尺神經絞扼再次發病。

相關疾病

肘隧道症候群、osteoarthritis of the elbow、內上髁骨折、肘關節緊縮等等。

圖3-22　尺神經溝的周邊解剖

此圖是從肘關節前方顯示,尺神經通過尺神經溝情況的投影圖。尺神經通過內上髁和滑車中間之後,會往屈指深肌、尺側屈腕肌的方向長出分枝。當尺神經比肘關節還要位於近側時,尺神經是不會往肌肉長出分枝的。

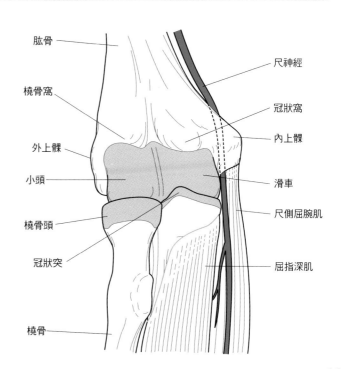

肱骨
尺神經
橈骨窩
冠狀窩
內上髁
外上髁
小頭
滑車
橈骨頭
尺側屈腕肌
冠狀突
屈指深肌
橈骨

圖3-23 肘管的解剖

尺神經會通過由fibrous band和尺側腕屈肌腱弓所構成的肘管，並往末梢延伸，該部位是最常發生尺神經麻痺的絞扼地點。

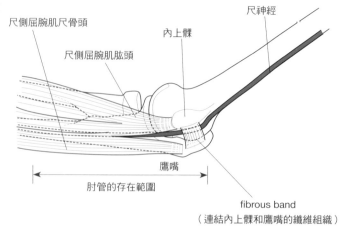

尺側屈腕肌尺骨頭
尺側屈腕肌肱頭
內上髁
尺神經
鷹嘴
肘管的存在範圍
fibrous band
（連結內上髁和鷹嘴的纖維組織）

修改自文獻10)

圖3-24 尺神經溝的觸診

進行尺神經溝的觸診時，要讓病患呈坐姿或是仰臥。在確認了內上髁和鷹嘴的位置之後，沿著凹處觸摸，就能觸診到像義大利麵般圓滾滾的尺神經，而這條尺神經所通過的凹處就是尺神經溝。

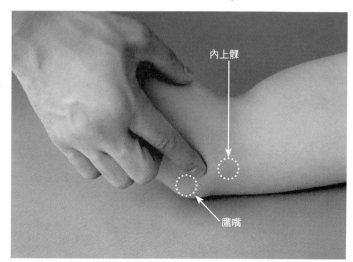

內上髁
鷹嘴

圖3-25 尺神經的觸診

在確認了尺神經的位置之後，手指觸摸著尺神經並試著讓肘關節慢慢地屈曲。在肘關節屈曲的同時，對張力程度提高的尺神經進行觸診。在不同的個案裡，進行肘關節屈曲的過程中，有時會觸摸到尺神經在前方發生半脫位的情況。

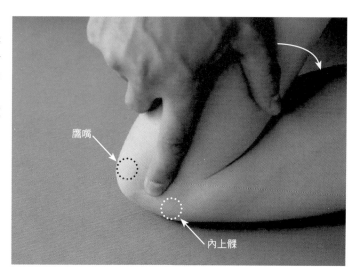

鷹嘴
內上髁

肘隧道症候群的檢查方法

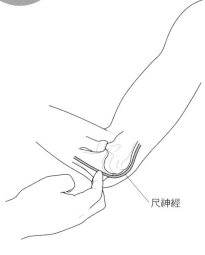

尺神經

Tinel徵候

· 在肘管確認過尺神經的走向之後，沿著尺神經輕輕地敲打。

· 在敲打的過程中，若是從前臂至手部的尺神經領域出現了輻射痛、麻痺感時，便為陽性反應。

· Tinel徵候不只能用在尺神經上，也是用來掌握各個神經麻痺之回復程度的重要依據。

肘部彎曲試驗（Elbow flexion test）

· 病患自動屈曲手肘，並暫時維持這個姿勢。肘關節屈曲的過程會對尺神經造成牽引，而且Osborne韌帶等部位也會對尺神經持續施加壓迫。用這個方式來引發症狀。

· 一般來說，當進行屈曲在30秒以內尺神經領域就產生麻痺、知覺遲鈍等狀況時，則為陽性反應。

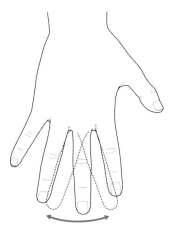

江川徵候

· 讓病患張開手掌置於桌上，並伸展中指，接著讓病患反覆用中指去觸碰食指和無名指。

· 當中指指尖本身的運動範圍在4cm以下，左右比例在70%以下，被動外展距離在50%以下的時候，便為陽性反應。

· 一旦出現類似肘隧道症候群的尺神經麻痺時，手內部肌肉會產生麻痺而無法順利地進行動作。

· 即使在還沒產生骨間肌萎縮的初期病例裡，陽性反應也很容易出現，所以在尺神經麻痺的早期發現方面十分有效。

取自文獻11）

橈骨頭 radial head
肱橈關節 humero-radial joint
近側橈尺關節 proximal radio-unlar joint

解剖學上的特徵

● **橈骨頭**：位於橈骨近端的鼓起。

　　　　橈骨頭近端和覆有軟骨的肱骨小頭會形成肱橈關節。

　　　　橈骨頭和尺骨的橈骨切跡則是形成了近側橈尺關節。

● 在形狀上，肱橈關節屬於球窩關節。因為副韌帶的影響所以肱橈關節只能參與屈伸與旋轉運動。

● 橈骨頭的周圍被橈骨環狀韌帶包覆著。

● 在近側橈尺關節，橈骨頭會進行在環狀韌帶內部旋轉的spin movement。

臨床相關

● 尺骨骨幹骨折及橈骨頭脫位的多重外傷，就稱為Monteggia骨折[參考p.49]。

● 在內側副韌帶損傷的病例裡，肘關節會受到強大的外翻力作用，所以如果韌帶的損傷持續下去，就必須注意有併發橈骨頭骨折的可能。

● 前臂的旋轉運動，是由近側橈尺關節的spin movement和遠側橈尺關節的wiper movement兩者進行良好的協調作用而完成的。

● 在前臂出現旋轉障礙的病例裡，橈骨環狀韌帶以及外側副韌帶所發生的粘黏、結疤會對橈骨頭運動造成限制，因此重點就在於對此兩韌帶進行伸展運動。

相關疾病

橈骨頭骨折、Monteggia骨折、近側橈尺關節脫位、osteoarthritis of the elbow、前臂旋轉緊縮等等。

圖4-1 橈骨頭的周邊解剖

此圖顯示從外側所看到的肘關節。橈骨頭在近側形成了肱橈關節，在內側則形成了近側橈尺關節。在觸診方面，因為外上髁和橈骨頭兩者很容易分辨錯誤，所以要特別注意。

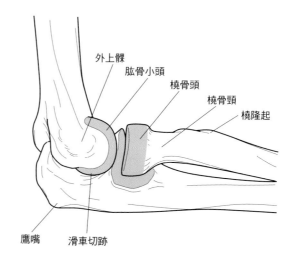

外上髁
肱骨小頭
橈骨頭
橈骨頸
橈隆起
鷹嘴
滑車切跡

圖4-2　前臂旋轉運動的機制

前臂的旋轉運動是藉由近側和遠側橈尺關
節來完成的。將橈骨頭中心和尺骨頭中心
連成一線並且作為運動軸，藉由近側橈骨
頭的spin movement以及遠側橈骨的wiper
movement，就可以做出前臂的旋轉動作。

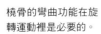

橈骨的彎曲功能在旋
轉運動裡是必要的。

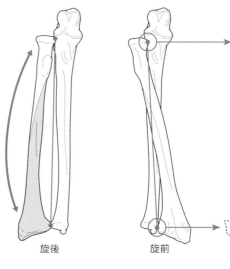

spin movement

旋後　　　旋前

wiper movement

II 骨骼

圖4-3　橈骨頭（標本）

橈骨頭位於離外上髁約1根手指頭寬的遠側
處。在身體表面所能感覺到的突出程度方
面，橈骨頭和外上髁幾乎沒有什麼差異，
所以觸診時必須更加仔細。觸診到橈骨頭
之後，手指往近側方向移動，如此便比較
容易判別肱橈關節的位置。

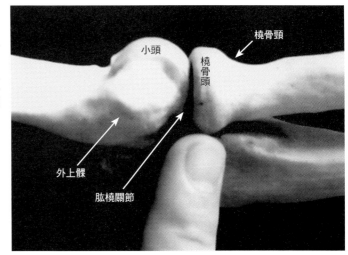

小頭　橈骨頸　橈骨頭
外上髁　肱橈關節

圖4-4　橈骨頭的觸診①

進行橈骨頭的觸診，一開始得先確認外上
髁的位置。確認過外上髁的位置之後，讓
病患進行肘關節屈伸以及前臂旋前、旋
後，確認觸診部位不會跟著移動。

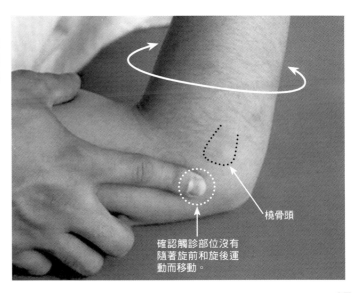

橈骨頭

確認觸診部位沒有
隨著旋前和旋後運
動而移動。

47

圖4-5 橈骨頭的觸診②

手指從外上髁開始往遠側方向移動約1根手指寬的距離。接著,再稍微往後方移動,如此便能觸診到橈骨頭。對病患的前臂進行被動旋前及旋後運動,並確認觸診部位隨著前臂一起旋轉的情況。

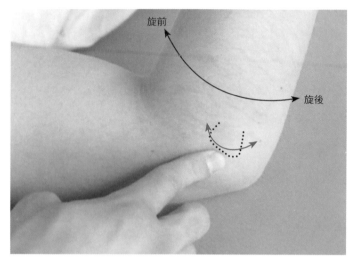

圖4-6 肱橈關節的觸診

手指觸摸著橈骨頭,往外上髁的方向移動約半根手指寬的距離,如此便會觸診到肱橈關節的裂縫。難以辨別位置的時候,對前臂進行被動旋前及旋後運動,如此便能在橈骨頭單獨進行旋轉運動時,觸診到肱橈關節的裂縫。

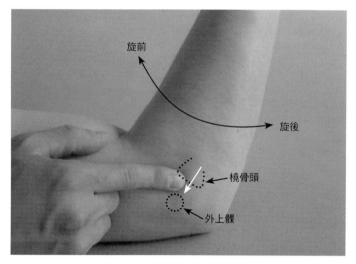

圖4-7 近側橈尺關節的觸診①

手指觸摸著橈骨頭,沿著橈骨頭的弧度往後方(尺骨方向)移動。

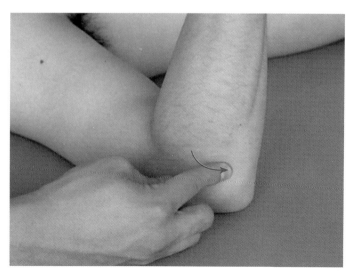

圖4-8　近側橈尺關節的觸診②

當橈骨頭的弧度消失時，就讓手指停在那裡，對前臂進行被動的強制旋前。橈骨頭會藉由強制旋前而往後方移動，故要確認橈骨頭的移動方向，並對近側橈尺關節進行觸診。

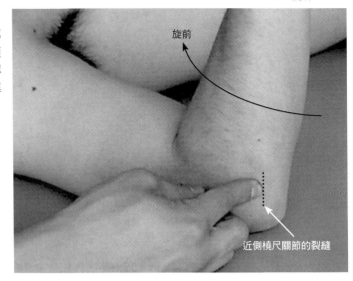

旋前

近側橈尺關節的裂縫

Ⅱ
骨骼

Monteggia骨折

Monteggia骨折，是指尺骨骨折加上橈骨頭脫位的名稱。
這最先是在1914年由Monteggia所發表的，之後便以他的名字來稱呼。
在Monteggia骨折的分類裡，Bado是相當有名的分類方式。

Bado的分類

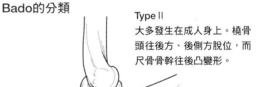

Type Ⅰ
發生頻率最高。橈骨頭往前方脫位，而尺骨骨幹往前凸變形。

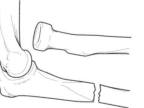

Type Ⅱ
大多發生在成人身上。橈骨頭往後方、後側方脫位，而尺骨骨幹往後凸變形。

Type Ⅲ
為小孩所特有的類型。橈骨頭往側方、前側方脫位，尺骨則是骨幹端發生骨折。

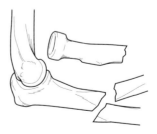

Type Ⅳ
橈骨頭往前方脫位，橈骨和尺骨都在其近側1/3的位置發生骨折。

取自文獻12、13)

橈骨莖突 styloid process of radius

解剖學上的特徵

● 位於橈骨遠端橈側的突起部份，稱為橈骨莖突。

● 舟骨位於橈骨莖突的遠側。

● 橈骨莖突的基底是肱橈肌的止端位置。

● 橈骨莖突的尖端位於尺骨莖突遠側7～10mm之處。橈骨莖突的尖端可以提高腕關節往橈側方向移動時的穩定性。

臨床相關

● 可作為測量上肢長度的定位點。

● 在橈骨遠端骨折時，會作為校正測量的指標（像radial length、radial tilt等等）。

相關疾病

Colles骨折、Smith骨折、Barton骨折、Chauffeur骨折、腕關節不穩定等等[參考p.52]。

圖4-9　橈骨莖突的解剖

橈骨莖突位於橈骨遠端橈側的骨突起，其遠側為舟骨的位置所在。橈骨莖突很容易就能從身體表面觸摸到，在進行肢體長度等測量時，會作為重要的定位點。

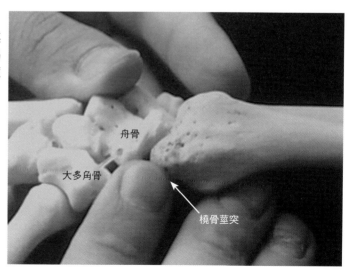

舟骨

大多角骨

橈骨莖突

圖4-10 橈骨遠端骨折的alignment測量

所謂的radial length就是指，在與橈骨長軸平行的線上，所測得的「尺骨頭遠側面和橈骨莖突之間」的高低差值，其正常值約10mm。此數值的減少便表示橈骨短縮。

所謂的radial tilt就是指由「與橈骨長軸相互垂直的線」以及「連結腕關節橈側面與尺側緣的線」所形成的角度，其正常值為23°。在測量時，必須比較左右手的數值差異。

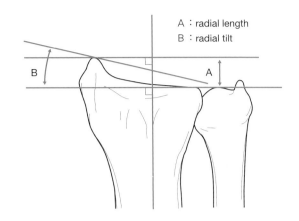

A：radial length
B：radial tilt

圖4-11 橈骨莖突的觸診①

觸診橈骨莖突時，一開始要將病患的前臂移到旋前位，腕關節移至中間位。沿著病患橈骨遠端的橈側緣，手指往遠側方向移動。一越過微微凸出的骨隆起，便能觸摸到凹陷的部位。將指腹置於凹陷部位，而指尖則往橈骨輕輕壓迫，如此就能觸診到突出的橈骨莖突。

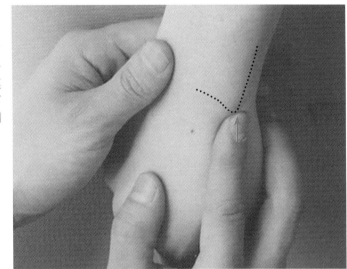

圖4-12 橈骨莖突的觸診②

接著，手指要繼續觸摸著橈骨莖突，並試著讓病患的腕關節慢慢進行尺側屈曲，如此就能以指腹觸診舟骨突出的狀態。相反地，腕關節若是進行橈側屈曲，則會觸摸到舟骨消失在關節內的狀態，藉此可以確認舟骨和橈骨莖突之間的關係。

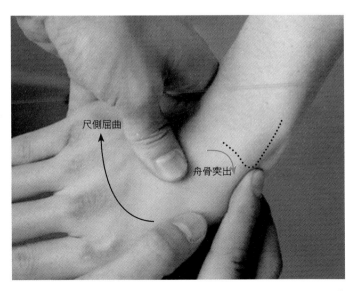

尺側屈曲

舟骨突出

橈骨遠端骨折的分類（齊藤分類）

橈骨遠端骨折的分類相當多，在臨床上不易分辨。齊藤分類（1989）是種相當簡單易懂的分類方式，經常會被拿來運用。此分類法是將橈骨遠端骨折大致分為關節外骨折（Ⅰ）和關節內骨折（Ⅱ）。接著，更細分為單純性（Ⅱ-①）和粉碎性（Ⅱ-②）。不需要把所有分類都記起來，只要在實際體驗過的病例中進行確認就可以了。

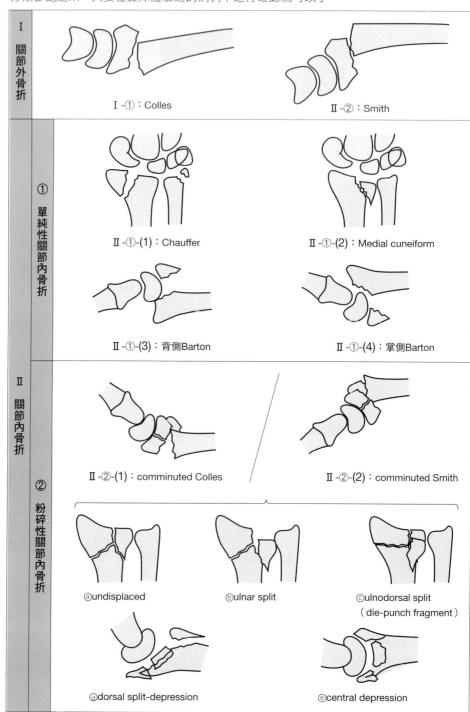

取自文獻14、15)

橈骨背結節 Lister's tubercle

解剖學上的特徵

● 位於橈骨遠端後方如米粒般大小的骨突起，稱為橈骨背結節。

● 橈側伸腕長、短肌肌腱會通過橈骨背結節的橈側。

● 伸拇長肌肌腱會通過橈骨背結節的尺側。

臨床相關

● 伸拇長肌肌腱將橈骨背結節作為滑車，用來變換運動方向。

● 發生類風濕性關節炎，或是橈骨遠端骨折之後所產生的伸拇長肌肌腱斷裂，其原因大多為橈骨背結節部位的機械性摩擦所致。

相關疾病

伸拇長肌肌腱斷裂、Colles骨折、Smith骨折等等[參考p.52]。

圖4-13　橈骨背結節的周邊解剖

此圖以前臂旋前位來顯示橈骨遠端。橈骨遠端後方有個米粒般大小的骨突起，就是橈骨背結節。橈側伸腕長、短肌肌腱會通過橈骨背結節的橈側，而伸拇長肌肌腱則會通過尺側。

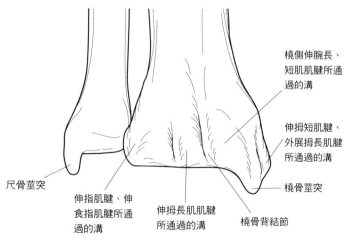

橈側伸腕長、
短肌肌腱所通
過的溝

伸拇短肌腱、
外展拇長肌腱
所通過的溝

橈骨莖突

橈骨背結節

伸拇長肌肌腱
所通過的溝

伸指肌腱、伸
食指肌腱所通
過的溝

尺骨莖突

圖4-14　橈骨背結節的觸診①

進行橈骨背結節的觸診時，一開始先讓病患的前臂呈旋前位，手掌放在桌面上。一邊輕輕壓迫橈骨遠端的背側，一邊將手指往內、外側挪動，如此就能觸診到大小如米粒般的骨突起。

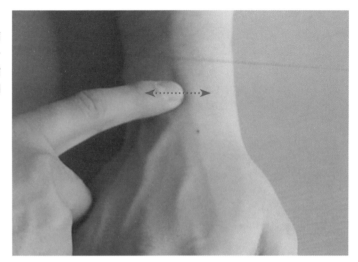

圖4-15　橈骨背結節的觸診②

想要確認位於橈骨遠端背側的骨突起，是否真的為橈骨背結節時，就試著觸摸伸拇長肌肌腱是否有通過骨突起的尺側。請病患將置於桌上的拇指向上垂直舉起，就可以在手背橈側明顯觀察到伸拇長肌肌腱舒展的情況。

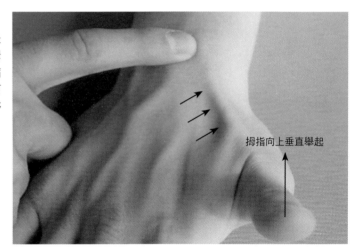

拇指向上垂直舉起

圖4-16　橈骨背結節的觸診③

讓病患反覆舉起拇指，並往近側方向對伸拇長肌肌腱的緊繃現象進行觸診。如果先前所認確的骨突起就是橈骨背結節的話，便可以觸診到伸拇長肌肌腱通過橈骨背結節尺側的狀態。

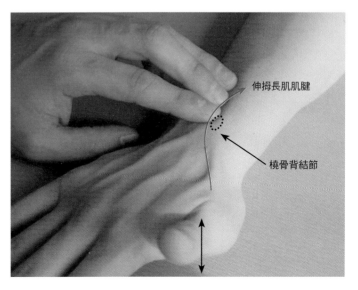

伸拇長肌肌腱

橈骨背結節

鷹嘴 olecranon
肱尺關節 humero-ulnar joint

解剖學上的特徵
- **鷹嘴**：是位於尺骨近端的鉤狀骨隆起，也是肱三頭肌的止端位置。
- 在鷹嘴的掌側面就是稱為滑車切跡的關節軟骨。
- 滑車切跡和肱骨滑車形成了肱尺關節。

臨床相關
- 肱骨滑車傾斜於肱骨長軸前方約45°，而尺骨滑車切跡的關節面方向則是往前上方擴張約45°。因此，理論上，肱尺關節擁有0～180°的可動範圍。
- 棒球肘所造成的骨贅大多出現在肘頭的尖端，是肘關節伸展受到限制的原因。而且，這種骨贅的骨折會形成分離體。

相關疾病
鷹嘴骨折、osteoarthritis of the elbow、關節游動體等等。

II
骨骼

圖5-1　鷹嘴、滑車切跡（標本）
圖左是用肘關節呈伸展位的姿勢來顯示鷹嘴。在肘關節呈伸展位時，鷹嘴會完全嵌入鷹嘴窩。鷹嘴掌側（圖右）上的軟骨稱為滑車切跡，這個滑車切跡和肱骨滑車形成了肱尺關節。

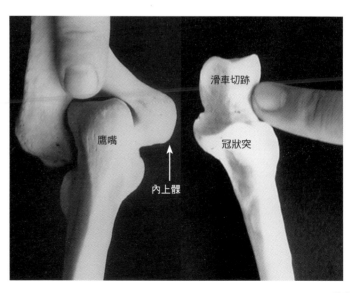

滑車切跡

鷹嘴

冠狀突

內上髁

圖5-2　肱尺關節的可動範圍

肱骨滑車擴張至肱骨長軸前下方約45°，滑車切跡擴張至尺骨長軸前上方約45°。因此，當肘關節呈伸展位時，鷹嘴和鷹嘴窩會互相碰撞，因此不能做0°以上的伸展。此外，屈曲到180°時冠狀突會和冠狀窩碰撞。

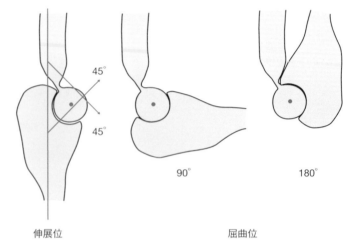

伸展位　　　　　　　　　　屈曲位

圖5-3　鷹嘴的觸診

進行鷹嘴的觸診時，一開始要讓病患呈仰臥。當病患的肘關節屈曲到大約90°時，在肘關節背側能找到突出的鷹嘴。從鷹嘴的內側至外側仔細地進行觸診，觸摸整個鷹嘴的形狀。由於肱三頭肌止於鷹嘴，故需進行肘關節的伸展運動，以便觀察肱三頭肌的附著狀態。

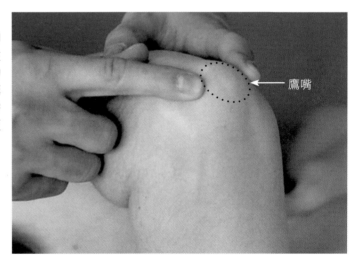

鷹嘴

圖5-4　肱尺關節的觸診

進行肱尺關節的觸診時，要讓病患仰臥並確認鷹嘴的位置。手指則從鷹嘴內側緣開始沿著骨緣往內上髁方向移動，因為尺神經會經過此部位，所以要特別注意。接著，讓病患的肘關節慢慢地屈伸，如此就能沿著肱骨滑車的形狀而觸摸到圓形、可以移動的肱尺關節了。

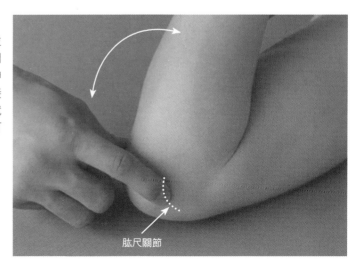

肱尺關節

5 尺骨 ulnar

尺骨莖突 styloid process of ulnar

解剖學上的特徵

● 尺骨莖突是位於尺骨遠端尺側的骨突起。和橈骨莖突相比，形狀算是相當小。

● 三角骨位於尺骨莖突的遠側。

● 在尺骨莖突和三角骨之間，存在著三角形纖維軟骨複合體（triangular fibrocartilage complex；TFCC，[參考p59]），其涉及尺側腕關節的穩定性。

臨床相關

● Colles骨折大多會併發尺骨莖突骨折。

● 尺骨莖突的功能是作為TFCC的頂點。尺骨莖突骨折所造成的TFCC不穩定則是形成二次手腕尺側疼痛的起因。

相關疾病

尺骨莖突骨折、三角形纖維軟骨複合體（TFCC）損傷、尺腕橋接綜合徵、Colles骨折、Smith骨折等等。

圖5-5 尺骨莖突（標本）

尺骨莖突位於尺骨遠端尺側的骨突起，三角骨位於其遠側。尺骨莖突和橈骨莖突相比，算是相當小了。尺骨莖突和三角骨之間存在著TFCC，TFCC會緩衝施加在腕關節尺側的力學壓力，同時也與腕關節尺側的穩定性有關。

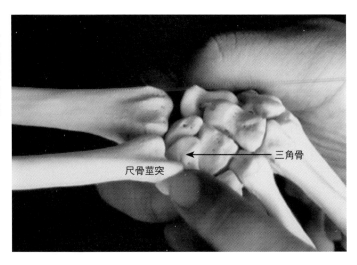

三角骨

尺骨莖突

圖5-6　尺骨莖突的觸診①

進行尺骨莖突的觸診時，一開始要讓病患的前臂呈旋前位、腕關節呈中間位。沿著病患尺骨遠端的尺側緣，手指往遠側方向前進，在越過尺骨頭的隆起部份時，指尖往尺骨方向輕輕壓迫，如此就能觸診到尺骨莖突。

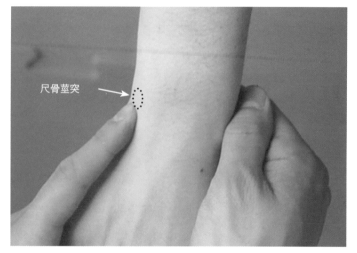

尺骨莖突

圖5-7　尺骨莖突的觸診②

接著，手指繼續觸摸尺骨莖突。讓病患的腕關節慢慢進行橈側屈曲，指腹就能觸摸到三角骨突出的狀態。相反地，若是讓腕關節尺側屈曲的話，則能觸摸到三角骨往關節內消失的情況，藉此可以確認三角骨和尺骨莖突之間的關係。

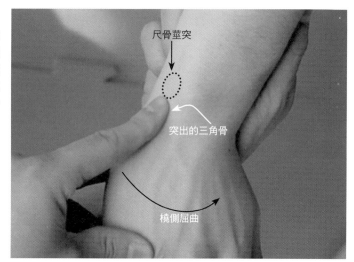

尺骨莖突

突出的三角骨

橈側屈曲

圖5-8　尺骨莖突的觸診③

圖中右邊的手指表示橈骨莖突的尖端位置，而左邊的手指則顯示尺骨莖突的尖端位置。如圖中所示，比起尺骨莖突，橈骨莖突的位置是往遠側多前進了7～10mm的距離。

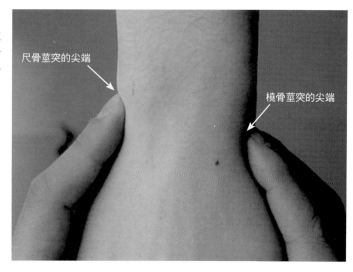

尺骨莖突的尖端

橈骨莖突的尖端

Skill Up

三角形纖維軟骨複合體（TFCC）[16]

三角形纖維軟骨複合體（triangular fibrocartilage complex；TFCC）是背側和掌側遠橈尺韌帶、三角纖維軟骨（TFC）、尺側副韌帶的總稱，其可以提高尺側腕關節的穩定性。其中，TFC和尺側副韌帶是重要的支持結構。TFC將尺骨莖突和橈骨連接在一起，尺側副韌帶則是將尺骨莖突、鉤骨、三角骨連接起來。

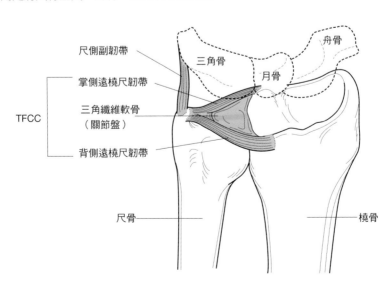

尺側副韌帶
三角骨
舟骨
月骨
掌側遠橈尺韌帶
三角纖維軟骨
（關節盤）
TFCC
背側遠橈尺韌帶
尺骨
橈骨

尺骨頭 head of ulnar
遠橈尺關節 distal radio-ulnar joint

解剖學上的特徵
- 尺骨遠端的骨隆起部位稱為尺骨頭。
- 將尺骨頭四周有莖突的部位排除，剩下的部位就會被軟骨所包圍而形成遠橈尺關節。
- 遠橈尺關節是由橈骨的尺骨切跡和尺骨頭所構成的。
- 在遠橈尺關節裡，橈骨會在尺骨頭的周圍旋轉，進行所謂的wiper movement，並且和近側橈尺關節一起參與前臂旋轉。

臨床相關
- 遠橈尺關節會因為三角韌帶斷裂而產生脫位，脫位的方向絕大多數為背側脫位。
- 橈骨遠端骨折併發遠橈尺關節背側脫位的情況便稱為Galeazzi骨折。

相關疾病
遠橈尺關節脫位、尺骨頭骨折、Galeazzi骨折、前臂旋轉緊縮等等。

圖5-9　遠橈尺關節裡的 wiper movement

在遠橈尺關節，橈骨頭會在尺骨頭的周圍旋轉，進行wiper movement。故旋後位和旋前位裡尺骨頭的接觸面會有所變化。尺骨頭在旋前位時很容易就觸摸得到。

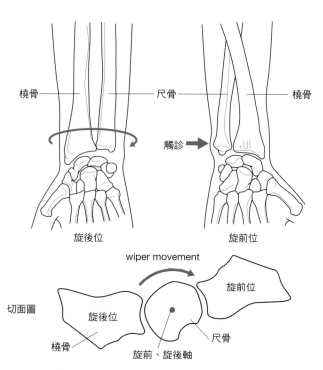

圖5-10　尺骨頭的觸診

進行尺骨頭的觸診時,一開始要讓病患的前臂呈旋前位,對病患的尺骨緣進行觸摸並往遠側方向移動。當手指前進至遠端附近時,就能觸診到圓形且隆起的尺骨頭。

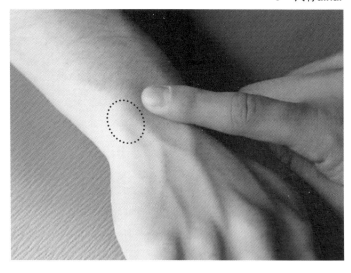

圖5-11　遠橈尺關節的觸診①

進行遠橈尺關節的觸診時,一開始要讓病患的前臂呈旋前位。對病患的尺骨頭進行觸診,手指沿著尺骨頭的弧形往橈側移動。

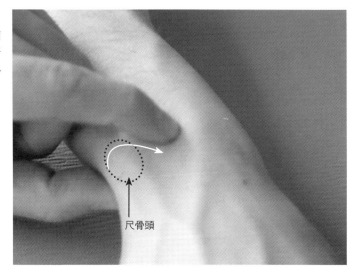

尺骨頭

圖5-12　遠橈尺關節的觸診②

當尺骨頭的弧形消失時,手指就停在該位置,並使病患的前臂慢慢進行旋後。在旋後運動的過程中,手指會被橈骨彈出去,可以以此確認其位置。反覆進行旋後和旋前運動,對遠橈尺關節(虛線處)進行觸診。

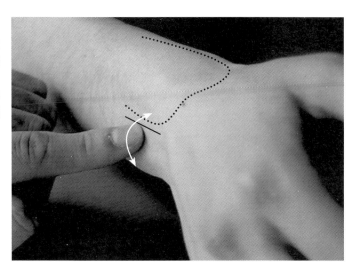

豌豆骨 pisiform

解剖學上的特徵

●豌豆骨為構成腕骨近端列的腕骨之一，位於三角骨的掌側。

●尺側屈腕肌止於豌豆骨。

●小指外展肌起始於豌豆骨。

臨床相關

●豌豆骨和其他七個腕骨不同，其並不直接參與腕關節的運動。

●豆狀三角骨障礙是在1951年時由Jenkins所發表的病症，其被歸類為膝蓋軟骨軟化症的一種。

相關疾病

豌豆骨骨折、豆狀三角骨障礙等等。

圖6-1　豌豆骨的位置（掌側）

豌豆骨位於三角骨的掌側，從背側是無法觸摸到的。在豌豆骨上，除了有尺側屈腕肌之外，也有小指外展肌附著著。

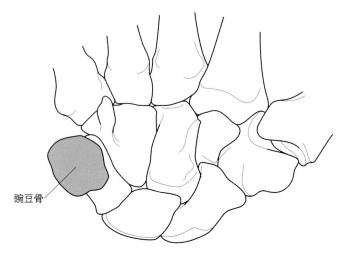

豌豆骨

圖6-2　豌豆骨的觸診①

一開始要讓病患的前臂呈旋後位，手背放置於桌上。首先，先確認尺骨莖突的位置，圖中手指所指之處就是莖突。

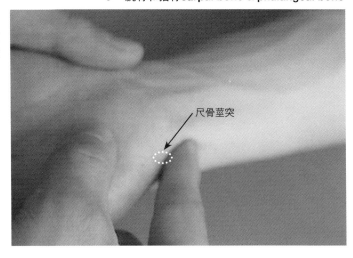

尺骨莖突

圖6-3　豌豆骨的觸診②

確認了尺骨莖突的位置之後，手指便往遠側掌側方向移動約1根手指寬的距離（→）並輕輕壓迫。如此，就能觸診到豌豆骨了。

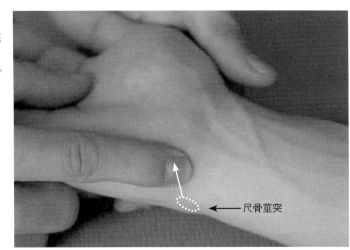

← 尺骨莖突

圖6-4　豌豆骨的觸診③

確認了豌豆骨的位置之後，接下來就讓病患進行腕關節掌側屈曲及尺側屈曲運動。隨著運動的進行，可以判別尺側屈腕肌腱的位置。沿著尺側屈腕肌腱往遠側方向移動過去，可同時觸診肌腱附著於豌豆骨的狀態。

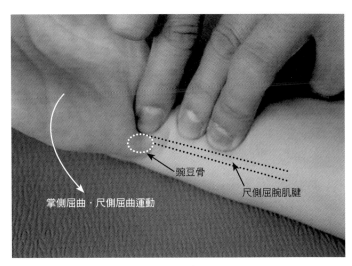

豌豆骨

尺側屈腕肌腱

掌側屈曲‧尺側屈曲運動

II 骨骼

三角骨 triquetrum

解剖學上的特徵

● 為構成腕骨近端列的腕骨之一，位於豌豆骨的背側。

● 在三角骨上沒有任何肌肉附著著。

● 三角骨會隨腕關節背側屈曲而產生背側傾斜（dorsal tilt），以及隨掌側屈曲而產生掌側傾斜（volar tilt）。

● 三角骨會隨腕關節橈側屈曲往尺側移動，以及隨著尺側屈曲往橈側移動。

臨床相關

● 連結三角骨和月骨的骨間韌帶出現斷裂時，會引發腕關節不穩定症。

● 腕關節運動時，正常的月骨移動會藉由三角骨和舟骨的調節而獲得控制，此稱為ring theory（1981年，Lichman）。

相關疾病

三角骨骨折、豆狀三角骨障礙、三角骨和月骨間隙、腕關節不穩定症等等。

圖6-5 三角骨的位置（背側）

三角骨在掌側和豌豆骨形成關節。此外，三角骨在橈側則是和月骨形成關節，在遠側則是和鉤骨形成關節。

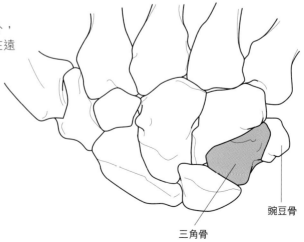

豌豆骨

三角骨

圖6-6　三角骨的觸診①

進行三角骨的觸診時，一開始要讓病患的前臂呈旋前位，接著再尋找尺骨莖突的位置。從尺側遠側方向用指尖輕輕地觸碰莖突。

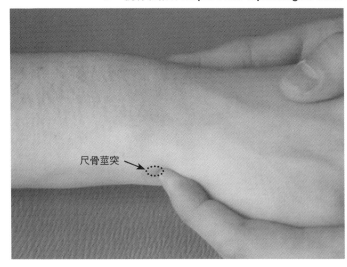

尺骨莖突

圖6-7　三角骨的觸診②

手指持續觸碰尺骨莖突。讓病患的腕關節稍微掌屈曲並施加橈側屈曲，診療者就會有手指被突出的三角骨（→）抬起的感覺，如此便能對三角骨進行觸診。

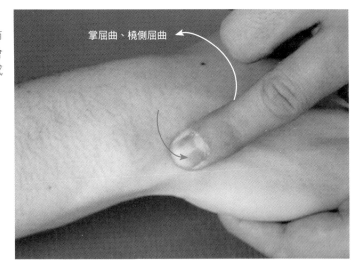

掌屈曲、橈側屈曲

圖6-8　三角骨的觸診③

手指觸碰著三角骨，讓病患的腕關節稍微背屈並施加尺側屈曲。隨著運動的進行，就能觸診到三角骨離開手指並進入關節內的情況（→）了。

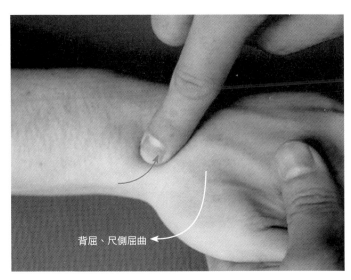

背屈、尺側屈曲

舟骨 scaphoid

解剖學上的特徵

- 舟骨是構成腕骨近端列的腕骨之一，並構成了橈腕關節的橈側。
- 在舟骨的遠側掌側存在著舟骨結節，外展拇短肌起始於此。
- 外表肌（extrinsic muscle）沒有附著於舟骨。
- 舟骨位於鼻煙壺（snuff box）的正下方。
- 若是從側面觀察呈掌屈、背屈和中間位的腕關節，舟骨長軸對應橈骨長軸是往掌側方向傾斜40～45°。
- 舟骨在腕關節背屈時，會往掌側傾斜而呈水平狀態，而掌屈時則呈垂直狀態。
- 當腕關節橈側屈曲時，舟骨會往尺側移動，而腕關節尺側屈曲時則往橈側移動。

臨床相關

- 舟骨骨折是腕骨骨折中發生頻率最高的骨折。
- 舟骨骨折中的腰部骨折是人體裡最容易變成假關節的一種骨折。
- 在舟骨骨折的假關節病例裡，大多會出現併發月骨背屈變形（DISI [dorsal intercalary segment instability] 變形）的情形，因而成為腕關節不穩定症的最大問題。
- Taleisnik將舟骨制定為lateral mobile column，並作為管理腕關節運動的key bone。
- 在沒有發生舟骨骨折情況下所出現的腕關節不穩定症，會造成附著在舟骨的韌帶出現鬆弛、斷裂的問題，而腕關節緊縮則會造成舟骨周圍的韌帶出現粘黏、短縮的問題。

相關疾病

舟骨骨折[參考p.69]、陳舊性舟骨假關節、月骨背屈變形（DISI [dorsal intercalary segment instability] 變形）、舟骨與月骨間隙、腕關節不穩定症、SLAC wrist、腕關節緊縮等等。

圖6-9 舟骨的位置（背側）

舟骨位於腕骨近端列的最橈側。此外，舟骨在遠側和大多角骨形成了關節，在尺側則是和月骨形成了關節。

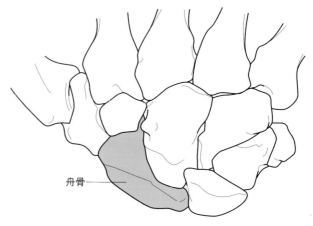

舟骨

圖6-10　舟骨的位置

當拇指伸展時，可觀察到由伸拇長肌肌腱和伸拇短肌肌腱所構成的凹陷部位，此部位稱為鼻煙壺（snuff box），舟骨就位於此鼻煙壺的正下方。

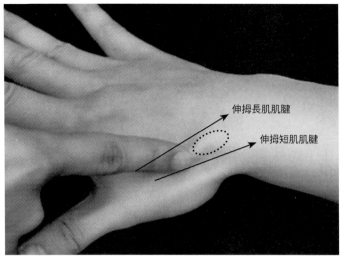

伸拇長肌肌腱

伸拇短肌肌腱

圖6-11　舟骨校正和月骨之間的關聯

腕關節呈中間位置時，從側面能觀察到舟骨長軸對應橈骨長軸，會往掌側方向傾斜45°。當腕關節背屈時，舟骨會呈水平狀態，舟骨與合併在一起的月骨會往掌側滑動。相反地，當腕關節掌屈時，舟骨會呈垂直狀態，月骨會往背側滑動。

背屈位

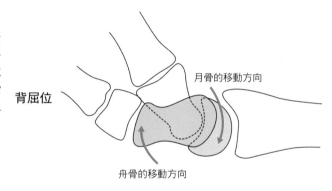

月骨的移動方向

舟骨的移動方向

中間位置

頭狀骨

舟骨長軸

第III掌骨

橈骨長軸

45°

月骨

第II掌骨

舟骨

大多角骨

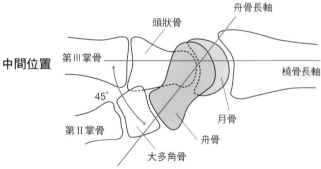

掌屈位

舟骨的移動方向

月骨的移動方向

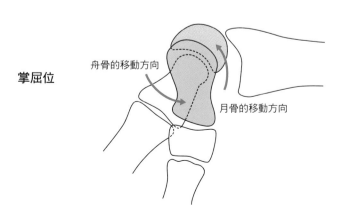

圖6-12　舟骨骨折所併發的DISI變形

此圖顯示舟骨骨折所併發的DISI變形。舟骨骨折造成了近端骨碎片往背側移位，所以月骨隨之往掌側滑動，其關節面則會面向背側，故橈骨月骨間角度（RLA）會往背側方向擴大。此外，由於舟骨的遠端骨碎片會保持在原來的位置，結果造成舟骨月骨間角度（SLA）變得比正常值40～45°還要增大許多。類似這種的排列狀態就稱為月骨背屈變形（DISI變形）。

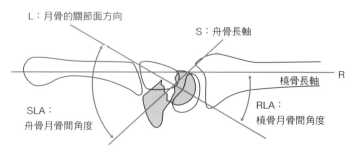

L：月骨的關節面方向
S：舟骨長軸
橈骨長軸
R
SLA：
舟骨月骨間角度
RLA：
橈骨月骨間角度

圖6-13　舟骨的觸診①

進行舟骨的觸診時，一開始要讓病患的前臂呈旋前位，腕關節呈中間位。接著，診療者要用手指觸摸病患的橈骨莖突，並將指尖放在病患橈骨莖突的遠側橈側位置。

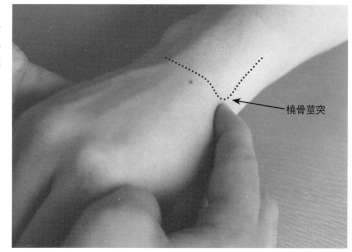

橈骨莖突

圖6-14　舟骨的觸診②

手指繼續放在橈骨莖突上，讓病患的腕關節稍微掌側屈曲、尺側屈曲。當腕關節尺側屈曲時，手指會被突出的舟骨抬起，如此便能對舟骨進行觸診。

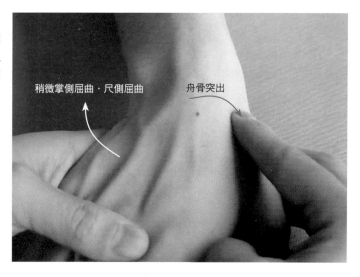

稍微掌側屈曲・尺側屈曲
舟骨突出

圖6-15　舟骨的觸診③

接著，手指繼續放在橈骨莖突上，讓病患的腕關節慢慢地進行橈側屈曲。隨著腕關節的橈側屈曲，可以觸摸到舟骨離開手指往關節內移動的情況。當舟骨完全移至關節內時，手指就能觸診到大多角骨。

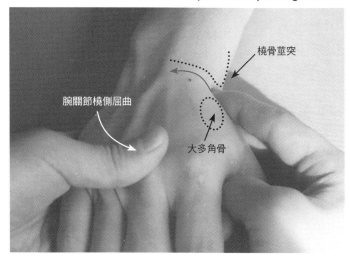

橈骨莖突

腕關節橈側屈曲

大多角骨

圖6-16　舟骨、舟骨結節的觸診

觸摸到大多角骨之後，讓病患的腕關節稍微呈尺側屈曲，如此就能觸摸到舟骨和大多角骨的間隙（虛線處）。如果手指從這個部位開始往近側掌側方向移動的話，則能觸診到舟骨結節。

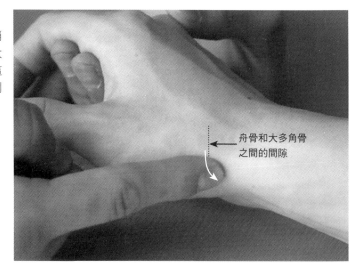

舟骨和大多角骨
之間的間隙

II
骨骼

Skill Up

舟骨骨折

舟骨骨折是人體裡最容易變成假關節的一種骨折。雖然發生在舟骨結節的骨折很容易就能癒合，但是舟骨骨折則是大多發生在腰部，而且經常會同時傷及舟骨血管滋養管，故使骨頭的癒合遭受阻礙。進行治療時，一般會用Herbert screw來進行接骨手術。

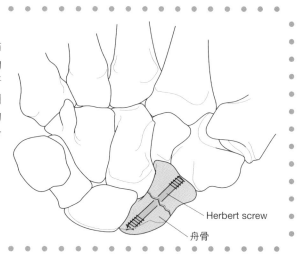

Herbert screw

舟骨

月骨 lunate

解剖學上的特徵

●月骨是構成腕骨近端列的腕骨之一，位於舟骨和三角骨之間。

●月骨沒有任何肌肉附著著。

●月骨在腕關節背屈時會滑動到掌側（月骨背屈），在腕關節掌屈時則會滑動到背側（月骨掌屈）。

●月骨和頭狀骨位於橈骨背結節和中指掌骨基部所連成的線上。

臨床相關

●腕關節是藉由橈骨、月骨、頭狀骨等骨頭互相運動的方式來進行背屈、掌屈。

●月骨本身無法進行運動，一定要先進行舟骨、三角骨的運動，月骨才能跟著進行運動（ring theory）。

相關疾病

月骨壞死症（Kienböck病）、月骨周圍脫位、月骨背屈變形（DISI變形）、月骨掌屈變形（VISI [volar intercalary segment instability]變形）等等。

圖6-17 月骨的位置（掌側）

月骨位於腕骨近端列的中央，在遠側和頭狀骨形成關節，同時也是形成腕關節掌屈、背屈運動的基本單位。月骨在尺側會和三角骨形成關節，在橈側則會和舟骨形成關節。

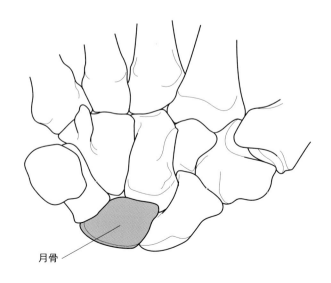

月骨

圖6-18　月骨的觸診①

進行月骨的觸診時，要讓病患的前臂呈旋前位，腕關節稍微呈尺側屈曲，接著尋找橈骨背結節的位置。將橈骨背結節和中指掌骨基部連成一線，月骨和頭狀骨就位於這條線上。

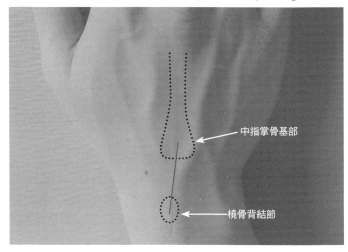

中指掌骨基部

橈骨背結節

II
骨骼

圖6-19　月骨的觸診②

將手指放在由橈骨背結節和中指掌骨基部所連成的線上，指尖則放在橈骨背結節上。接著，將病患的腕關節掌屈到底，指腹就能觸診到突出的月骨了。

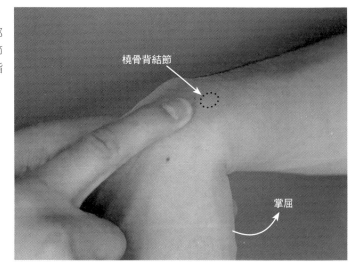

橈骨背結節

掌屈

圖6-20　月骨的觸診③

確認了月骨突出的狀態之後，接著要讓病患的腕關節慢慢回到背屈位。隨著背屈運動的進行，便摸得到月骨滑入關節內的情況（→）。繼續讓腕關節背屈到最底時，指腹就摸得到頭狀骨。

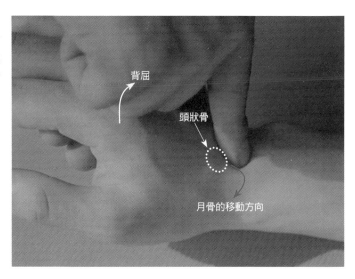

背屈

頭狀骨

月骨的移動方向

大多角骨 trapezium

解剖學上的特徵

● 大多角骨是構成腕骨遠端列的腕骨之一，位於最橈側。

● 腕骨間形成了包含大多角骨在內的腕骨遠端列。腕骨間無可動性，在機能方面被視為固定部位。

● 大多角骨在近側會與舟骨形成腕中關節的一部份，而在遠側則是和拇指掌骨形成了腕掌關節（carpo-metacarpal joint, CM關節）。

臨床相關

● 拇指腕掌關節症是活動量大的拇指腕掌關節，才會出現的變形性變化，其他部位的腕掌關節症可以說是相當地稀少。

相關疾病

大多角骨骨折、Bennett 骨折、拇指腕掌關節症等等。

圖6-21 大多角骨的位置（掌側）

大多角骨位在腕骨遠端列最橈側的位置。此外，在遠側會與拇指掌骨形成腕掌關節，在尺側會和小多角骨形成關節，在近側則會和舟骨形成關節。

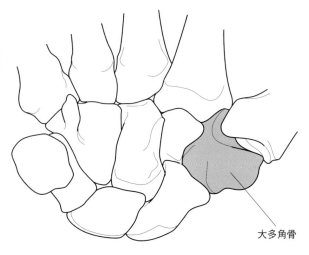

大多角骨

圖6-22　大多角骨的觸診①

將手指放在病患的拇指掌骨基部（圓圈處），另一隻手則握住病患的拇指掌骨。讓病患的腕掌關節反覆地進行屈曲、伸展。針對活動中的掌骨和呈固定狀態的大多角骨，則是對其中的交界處（CM關節）進行觸診，而大多角骨便位於其間隙的近側。

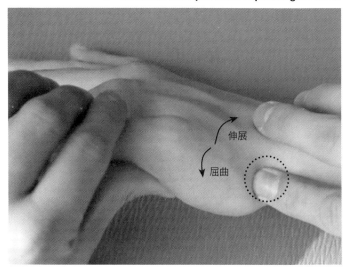

伸展

屈曲

圖6-23　大多角骨的觸診②

手指放在橈骨莖突遠側，並讓病患的腕關節進行尺側屈曲。舟骨會隨著尺側屈曲而突起，先對舟骨進行觸診。

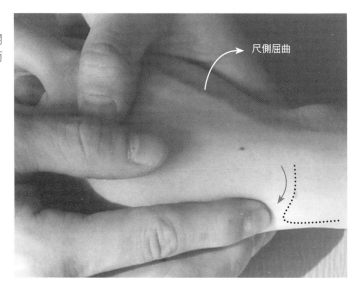

尺側屈曲

圖6-24　大多角骨的觸診③

接著，手指指尖繼續觸摸橈骨莖突，讓病患的腕關節慢慢呈橈側屈曲。因為舟骨會隨著橈側屈曲運動在關節內移動，所以可以確實地摸到大多角骨（圓形虛線處）。

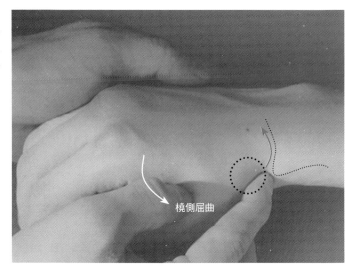

橈側屈曲

II
骨骼

小多角骨 trapezoid

解剖學上的特徵

● 小多角骨是構成腕骨遠端列的腕骨之一，被橈側的大多角骨、尺側的頭狀骨夾在中間。

● 小多角骨在近側會與舟骨形成腕中關節的一部份，在遠側則是和食指掌骨形成了腕掌關節（carpo-metacarpal joint，CM關節），且此CM關節無可動性。

臨床相關

● 小多角骨極少發生骨折和脫位。

● 小多角骨一旦發生骨折，從解剖學的各種理由來看，若不切開整復是幾乎不可能的，因此大多會進行切開整復。

相關疾病

小多角骨骨折、小多角骨缺血性壞死等等。

圖6-25　小多角骨的位置（掌側）

小多角骨在遠側會和食指掌骨形成CM關節，在橈側會和大多角骨形成關節，在尺側則會和頭狀骨形成關節。食指、中指的CM關節則由於關節面的形狀和韌帶結合的強韌度之故，幾乎是完全被固定住的狀態。

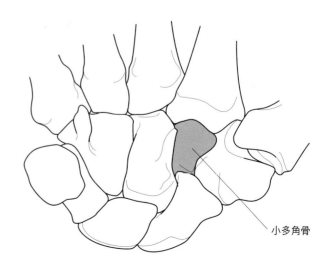

小多角骨

圖6-26　小多角骨的觸診①

手指沿著病患食指掌骨的骨幹背側，往近側前進（→）。當手指越過食指掌骨基部的鼓起處時，會觸摸到小多角骨（虛線處）。

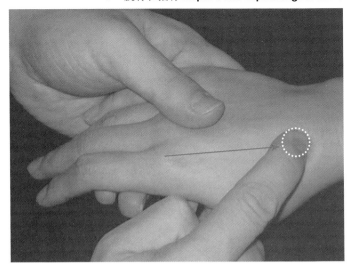

圖6-27　小多角骨的觸診②

接著，手指沿著病患中指掌骨的骨幹背側，往近側前進（→①），當手指越過中指掌骨基部的鼓起處時，確認頭狀骨的位置。接著，手指往橈側移動（→②），觸診小多角骨和其間隙（虛線處）。

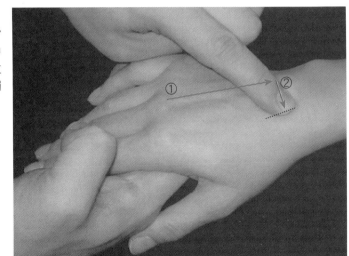

圖6-28　小多角骨的觸診③

最後，手指沿著病患拇指掌骨的骨幹背側，往近側前進（→①），越過拇指腕掌關節時，確認大多角骨的位置。接著，手指往尺側移動（→②），觸診小多角骨和其間隙（虛線處）。

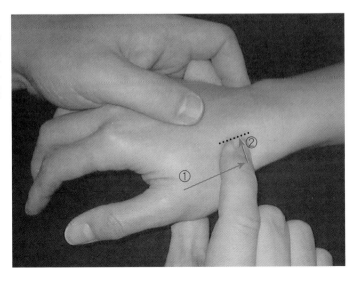

II
骨骼

頭狀骨 capitate

解剖學上的特徵

● 頭狀骨為構成腕骨遠端列的腕骨之一，被橈側的小多角骨、尺側的鉤骨夾在中間。

● 頭狀骨在近側會與月骨形成腕中關節的一部份，在遠側則會和中指掌骨形成腕掌關節（carpo-metacarpal joint，CM關節），且此CM關節無可動性。

● 腕關節的背屈、掌屈，是被歸類為頭狀骨和月骨的運動。

臨床相關

● 頭狀骨骨折占了全部腕骨骨折約15%的比例。

● 頭狀骨很少單獨發生骨折，一般大多會和舟骨骨折或月骨脫臼共同出現。

相關疾病

頭狀骨骨折、頭狀骨缺血性壞死、頭狀骨舟骨骨折症候群等等。

圖6-29　頭狀骨的位置（背側）

頭狀骨和月骨共同構成了flexion-extension column。頭狀骨位於腕骨遠端列的中央，在遠側和中指掌骨形成CM關節，在橈側和小多角骨形成關節，在尺側和鉤骨形成關節，在近側則是和月骨形成關節。

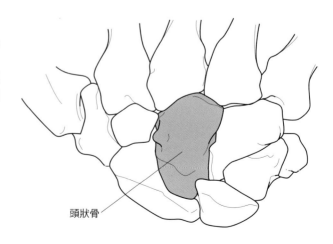

頭狀骨

圖6-30　頭狀骨的觸診①

讓病患的前臂旋前並稍微呈尺側屈曲位。
手指指尖放在橈骨背結節遠側。接著,讓
病患的腕關節慢慢進行掌屈,並確認從關
節內突出之月骨的所在位置。

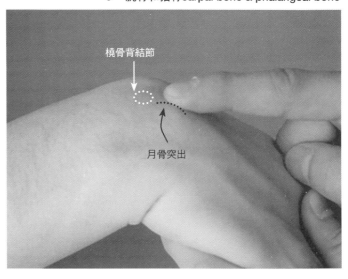

橈骨背結節

月骨突出

圖6-31　頭狀骨的觸診②

接著,手指沿著月骨的鼓起狀移動並輕輕
進行壓迫。接著,一直線地往中指掌骨骨
底移動,如此便會摸到位於掌骨骨底和月
骨之間的凹陷部位,此凹陷部位就是頭狀
骨。

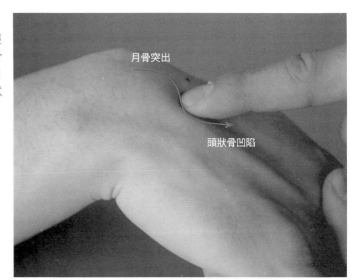

月骨突出

頭狀骨凹陷

圖6-32　頭狀骨的觸診③

對凹陷部位進行觸診之後,接著讓病患的
腕關節慢慢地進行背屈。月骨會隨背屈運
動而滑進關節內(虛線→),指尖便能明
顯地觸摸到頭狀骨。

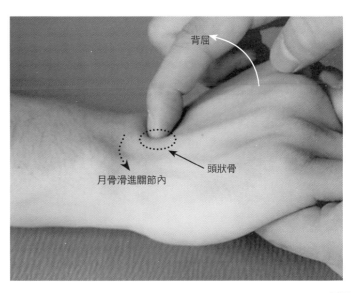

背屈

頭狀骨

月骨滑進關節內

鉤骨 hamate

解剖學上的特徵

● 鉤骨為構成腕骨遠端列的腕骨之一，位於最尺側。

● 鉤骨在近側與三角骨形成腕中關節的一部份，在遠側則是和無名指、小指掌骨形成腕掌關節（carpo-metacarpal joint，CM關節）。

● 無名指、小指的CM關節和食指、中指的CM關節不同，被歸類為可動部位，能進行屈曲伸展運動。

● 屈小指短肌、對掌小指肌和豆掌韌帶皆附著在鉤骨鉤。

臨床相關

● 將鉤骨和三角骨連結起來的骨間韌帶，就跟連結大多角骨和舟骨的骨間韌帶一樣，都屬於連桿結構，其作用就在於將遠端列和近端列連結起來，在腕關節機能中十分重要。

● 鉤骨鉤骨折經常出現在棒球、網球、高爾夫球等運動傷害。

● 在拍鉤骨鉤骨折的X光片時，從一般的正側面很難照得出來。拍攝腕隧道的X光片則有助於診斷。

相關疾病

鉤骨骨折、鉤骨鉤骨折[參考p.80]、拳擊手骨折（無名指、小指CM關節脫臼骨折）等等。

圖6-33　鉤骨的位置（掌側）

鉤骨位在腕骨遠端列最尺側的地方。此外，鉤骨在遠側和無名指、小指掌骨形成CM關節，在橈側和頭狀骨形成關節，在近側則是和三角骨形成關節。

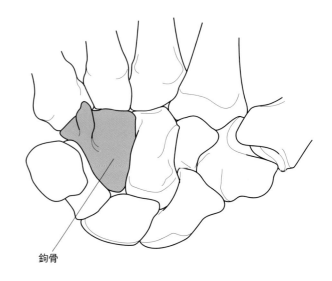

鉤骨

圖6-34　鉤骨的觸診①

手指放在病患的小指掌骨基部（圓圈處），再用另一隻手握住病患的小指掌骨。讓病患的CM關節反覆屈曲、伸展。針對活動中的掌骨和呈固定狀的鉤骨，觸診其交界處（CM關節）。鉤骨就位於間隙的近側。

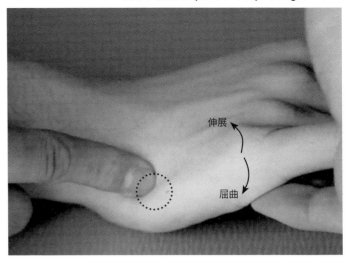

圖6-35　鉤骨的觸診②

將手指放在尺骨莖突遠側，讓病患的腕關節進行橈側屈曲，並確認三角骨從關節內突出時的位置（→）。

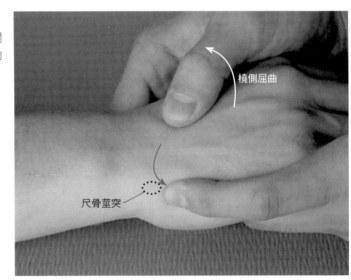

圖6-36　鉤骨的觸診③

接著，指尖繼續觸摸著尺骨莖突，讓病患的腕關節慢慢進行尺側屈曲。三角骨會隨著尺側屈曲而往關節內移動（→），就可以明顯觸診到鉤骨（虛線圓圈處）。

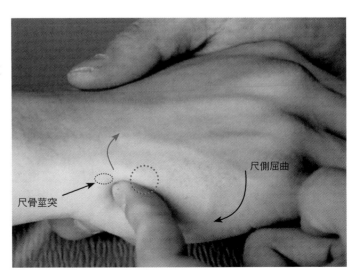

II
骨骼

圖6-37　鉤骨鉤的觸診④

診療者要將自己的拇指指骨間關節和病患的腕豆骨並列在一起，並將拇指指尖指向病患的食指基底。接著，拇指向下深壓，如此就能觸摸到鉤骨鉤。

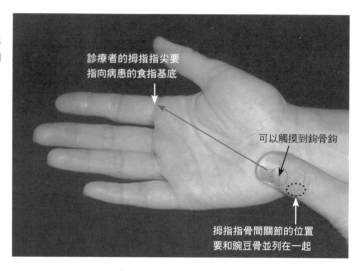

診療者的拇指指尖要指向病患的食指基底

可以觸摸到鉤骨鉤

拇指指骨間關節的位置要和腕豆骨並列在一起

Skill Up

運動所造成的鉤骨鉤骨折

鉤骨鉤骨折的病發位置和棒球球棒、高爾夫球桿、網球球拍等運動器材的握法有關。在骨折病例裡，由於病患所握住的球拍底部大多都和小魚際的鉤突位置一致，因此便導致擦棒等外力會直接作用在這個位置。在診斷骨折時，用一般的X光照法很容易有部位被忽略。腕隧道的X光片（腕關節和手指保持極限伸展位，從末梢長軸方向拍攝。）通常能有效地顯現骨折線。

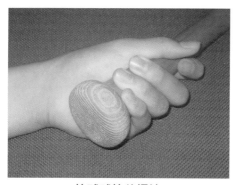

棒球球棒的握法

高爾夫球桿的握法

網球球拍的握法

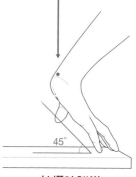

拍攝腕隧道

掌骨頭 head of metacarpal bone
掌指關節 metacarpo-phalangeal joint
（MP joint）

解剖學上的特徵

●掌骨頭和近節指骨基部的關節面構成了掌指關節（MP關節）。

●近節指骨、中節指骨、遠節指骨形成了各種指骨間關節。近節指骨和中節指骨之間稱為近端指骨間關節（proximal interphalangeal joint，PIP關節），而中節指骨和遠節指骨之間稱為遠端指骨間關節（distal interphalangeal joint，DIP關節）。

●比起180°的掌骨頭關節面，近節指骨基部的關節面為30°，這樣算是相當狹窄的了。此外，中節指骨和遠節指骨底部的關節面則是90°。

●MP關節除了能屈曲伸展外，MP關節呈伸展位時可以進行內收外展運動。但是，當MP關節呈屈曲位時，MP關節便無法進行內收外展運動。這是副韌帶在屈曲時是呈緊繃狀態所致。

●掌骨頭是個大致呈半圓形的骨頭，因此其自由度相當的高。近節指骨和中節指骨有二個曲面隆起。近節指骨和中節指骨中央有溝。近節指骨和中節指骨會形成一種滑車的形狀，故自由度很低，只能進行屈曲伸展運動。

●當手指伸展、外展到最底時，指線會集中於中指的掌骨骨底。

●當手指屈曲時，指線會集中於舟骨。

臨床相關

●MP關節長時間固定於伸展位時，副韌帶會縮短並出現明顯的屈曲限制，要特別注意。

●當MP關節及PIP關節在進行關節活動運動時，手指排列的位置會隨著伸展、屈曲而不同。進行Sprint therapy或被動運動時，要特別注意。

●近節指骨骨折若在維持旋轉位置的情況下癒合，則會出現cross finger現象[參考p.84]。

相關疾病

拳擊手骨折、MP關節脫臼、PIP關節脫臼、槌狀指[參考p.84]等等。

II
骨骼

圖6-38 指骨間關節的名稱

掌骨和近節指骨之間的關節稱為MP關節。近節指骨和中節指骨之間的關節稱為PIP關節。中節指骨和遠節指骨之間的關節稱為DIP關節。

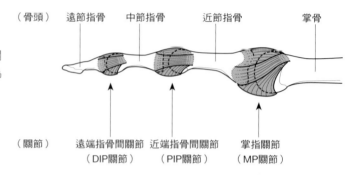

（骨頭）　遠節指骨　中節指骨　近節指骨　掌骨

（關節）　遠端指骨間關節　近端指骨間關節　掌指關節
　　　　（DIP關節）　（PIP關節）　（MP關節）

圖6-39 MP關節的骨頭形狀特徵

MP關節在形狀上呈現球窩關節的形態。在矢狀面上，掌骨頭的軟骨展開呈180°，而近節指骨的軟骨只有30°的寬度，因此MP關節的可動性很大。

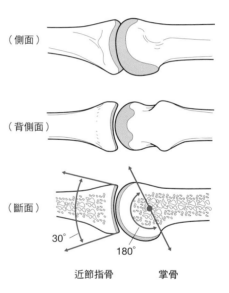

（側面）

（背側面）

（斷面）

30°　180°

近節指骨　掌骨

圖6-40 IP關節（PIP、DIP關節）的骨頭形狀特徵

和MP關節不同，IP關節的形狀屬於屈戌關節的形態。掌骨頭的中央呈凹陷狀，可提高關節的穩定性。近節指骨頭及中節指骨頭的軟骨活動範圍為180°，中節指骨及遠節指骨的軟骨活動範圍為90°。IP關節的活動範圍比MP關節還要寬，使IP關節的可動性受到限制。

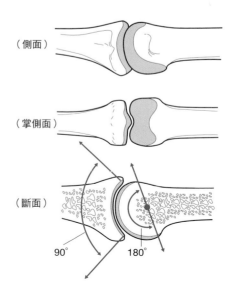

（側面）

（掌側面）

（斷面）

90°　180°

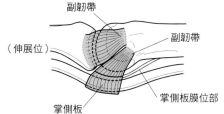

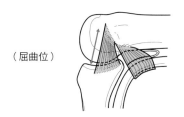

圖6-41 MP關節副韌帶的特徵

副韌帶附著於MP關節上。因為副韌帶位於關節屈伸軸的上方，所以關節呈伸展位時韌帶會鬆弛，關節呈屈曲時韌帶則會強力緊繃。當手指進行外展、內收運動時，一定要讓MP關節呈伸展位，這點和副韌帶的緊繃有關。

圖6-42 手指排列

手掌張開時，各個手指的指線會集中於中指掌骨基部。手掌握起時，指線則會集中於舟骨。這項知識不僅可以決定手指可動範圍訓練的運動方向，也可決定Sprint therapy的牽引方向，因此是很重要的知識。

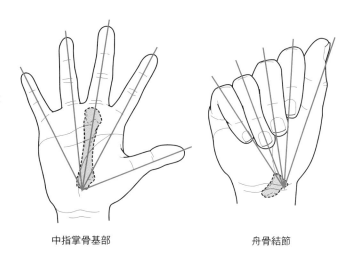

中指掌骨基部　　　　　　　　舟骨結節

圖6-43 掌骨頭的觸診

手指沿著病患的食指近節指骨移動至MP關節的方向，並讓MP關節呈屈曲位。在近節指骨往掌側移動的過程中，能明顯地觀察到掌骨頭，仔細地觸摸掌骨頭的弧形和軟骨的彈性。

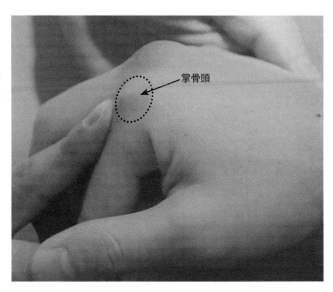

掌骨頭

圖6-44　MP關節的觸診

進行MP關節的觸診時，手指放在病患的掌
骨頭，讓病患的MP關節維持伸展位，並接
著往長軸方向施加牽引。如此一來，MP關
節的裂縫就會變寬，所以很容易就能由觸
診而得知關節的位置。

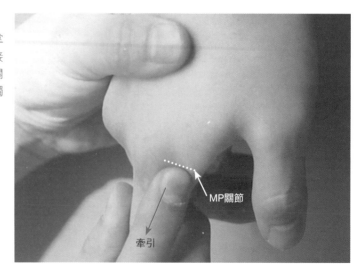

圖6-45　MP關節副韌帶的觸診

觸診MP關節副韌帶的時候，手指要放在
MP關節的橈側，讓MP關節從伸展位開始
慢慢地屈曲。副韌帶會隨著屈曲角度的增
加而開始緊繃。此時，對副韌帶進行觸
診。難以進行分辨時，對MP關節施以內收
及屈曲運動，如此一來，副韌帶便能更加
緊繃，因此便更容易判定位置所在。

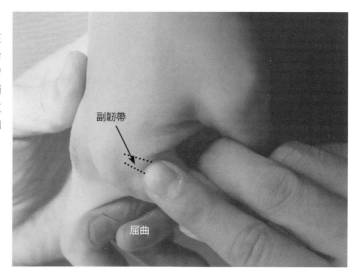

cross finger

近節指骨骨折時，遠側骨片如果在維持旋轉位
置的狀況下癒合的話，PIP關節的運動軸將會
產生移位，導致手指屈曲時出現手指排列混亂
的現象，此現象就稱為cross finger。

槌狀指（參考圖例）

槌狀指也稱為mallet finger。因為伸指肌的末
端肌腱斷裂或是撕裂性骨折等因素而使得張力
無法傳至伸指肌，導致DIP關節維持屈曲的狀
態。由於手指看起來就像槌子一般，故稱為槌
狀指。

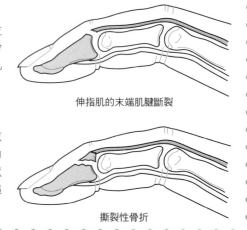

伸指肌的末端肌腱斷裂

撕裂性骨折

Ⅲ 韌帶

喙突肩峰韌帶 coraco-acromial ligament

解剖學上的特徵

● **[起端]**喙突的外側上方　　**[止端]**肩峰的前面
● 喙突肩峰韌帶、喙突、肩峰合稱為喙突肩峰弓（coraco-acromial arch）。喙突肩峰弓和肌腱一起形成了第二肩關節。
● 喙突肩峰韌帶具有藉棘上肌的作用方向，而移至向心位置的滑車機能，而且能防止骨頭隨上舉運動而上升。

臨床相關

● 喙突肩峰韌帶的肥厚是肩峰下夾擠症候群的起因之一。
● 針對腱板損傷進行修復（McLaughlin法）時，為了確保手術進行的視野，會將喙突肩峰韌帶進行切除。
● 進行陳舊性肩鎖關節脫位的手術時，有時會將喙突肩峰韌帶作為重建的材料（Neviaser手術[參考p.90]等等）。

相關疾病

肩峰下夾擠症候群、肩峰下滑液囊炎、肌腱炎、肌腱受傷等等。

圖1-1　喙突肩峰韌帶所形成的滑車機能

喙突肩峰韌帶的功能之一就是增加滑車機能的向心力，這是棘上肌受到上方壓迫，導致原本施加在大結節的拖曳力量轉向關節窩，而引發了骨頭的支點形成力增加所致。
[譯者註：身體活動時，肌肉所產生的力量若於身體某處形成支點，則肌肉所產生的這股力量就稱為支點形成力]

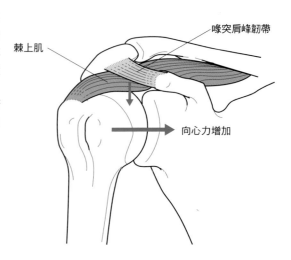

棘上肌
喙突肩峰韌帶
向心力增加

圖1-2　喙突肩峰韌帶的觸診①

觸診喙突肩峰韌帶時，要先確認其起端和
止端位置，也就是喙突和肩峰的位置。讓
病患呈仰臥，確認喙突的外側上方（a），
接著再確認肩峰的前緣（b）。

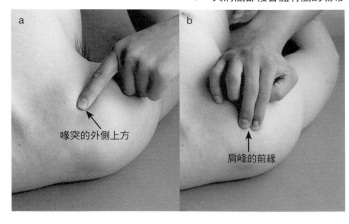

a

喙突的外側上方

b

肩峰的前緣

圖1-3　喙突肩峰韌帶的觸診②

將先前確認過的喙突外側上方和肩峰前緣
連成一線，接著從上方壓迫那條線的中間
部位。當手指在深部觸診到某個有彈性的
組織時，手指會反彈回來，而該組織便是
喙突肩峰韌帶。已變性肥厚的喙突肩峰韌
帶則會硬化，其特徵就是不具將壓迫力反
彈回去的彈性。

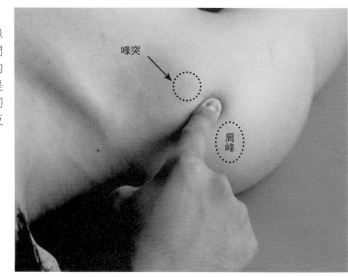

喙突

肩峰

III

韌帶

圖1-4　喙突肩峰韌帶的觸診③

難以分辨喙突肩峰韌帶的位置時，便將手
指對沒有韌帶的部位做壓迫。手指會因感
覺不到能將手指反彈的彈力而往下陷。將
有韌帶和沒有韌帶的部位進行比較，接著
再進行觸診，如此便能順利地判定位置
了。

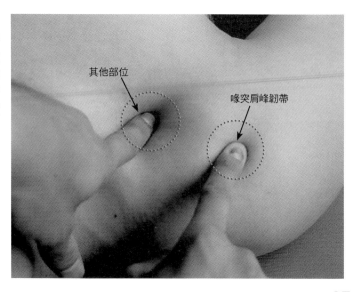

其他部位

喙突肩峰韌帶

喙鎖韌帶 coraco-clavicular ligament
（菱形韌帶trapezoid ligament,
圓錐狀韌帶conoid ligament）

解剖學上的特徵

- 菱形韌帶　　：[起端]喙突的內側上方　　[止端]鎖骨的斜方線
- 圓錐狀韌帶：[起端]喙突的基底　　　　[止端]鎖骨的錐形結節
- 喙鎖韌帶的功能： ・懸掛住肩胛骨
　　　　　　　　　　　・限制鎖骨上升
　　　　　　　　　　　・限制肩鎖角的增減
- 在肩關節下垂位時，正常肩鎖角的角度平均為56°。在肩關節呈150°的外展位時，正常的肩鎖角的角度平均為70°。

臨床相關

- 肩鎖關節完全脫位（Tossy type III[參考p.96]），其原因為喙鎖韌帶斷裂。
- 在針對肩鎖關節脫位進行治療時，骨外科除了可以使用外固定器的保存療法之外，也可以進行以修復喙鎖韌帶為治療目的之修補手術（例如使用Phemister手術、Bosworth手術、Walter plate等方法），此外，也可以利用其他身體組織來修補肩鎖關節支撐性的重建術（Dewar手術、Neviaser手術等等）[參考p.90]。

相關疾病

- 肩鎖關節脫位、肩關節周圍炎等等。

圖1-5　喙鎖韌帶的功能解析

菱形韌帶位於外側，而圓錐狀韌帶則位於內側。當喙突尖端往下方移動（向下旋轉）時，菱形韌帶會緊繃。相反地，當喙突基底往下方移動（向上旋轉）時，則是圓錐狀韌帶會進行緊繃。這兩條韌帶的共同功能就是能懸掛肩胛骨以及能抑制鎖骨上升。

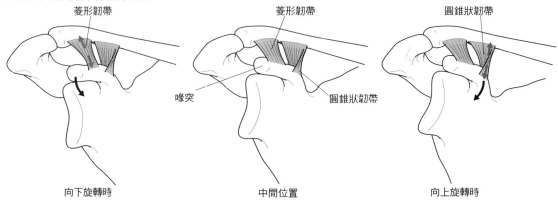

圖1-6　肩鎖角和喙鎖韌帶

肩鎖角就是肩胛骨棘長軸和鎖骨長軸在冠狀面上所形成的角。在肩關節呈下垂位時，肩鎖角約56°；在肩關節呈150°外展位時，肩鎖角約70°。肩鎖角的角度會隨著肩關節的屈曲、外展而增加，當肩關節伸展、內收時，肩鎖角的角度則會減少。菱形韌帶會限制肩鎖角角度的減少程度，圓錐狀韌帶則會限制肩鎖角角度的增加程度。

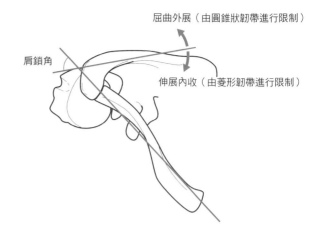

屈曲外展（由圓錐狀韌帶進行限制）

肩鎖角

伸展內收（由菱形韌帶進行限制）

圖1-7　菱形韌帶的觸診

進行喙鎖韌帶的觸診時，為了使韌帶和鎖骨之間的空隙變大，要使病患呈坐姿並且上肢下垂。診療者將手指放在病患喙突的上方，並從喙突尖端開始往內側方向移動，如此便能夠觸診到菱形韌帶（a→）。接著，手指繼續觸摸著菱形韌帶，並讓病患的肩胛骨被動進行向下旋轉（b→），如此便能觸摸到菱形韌帶緊繃增加的狀態。

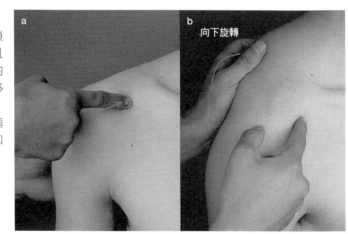

a

b　向下旋轉

圖1-8　圓錐狀韌帶的觸診

將手指放在喙突基底的內側時，可以觸摸到圓錐狀韌帶（a圖虛線處）。接著，繼續觸摸著圓錐狀韌帶，並讓病患的肩胛骨被動進行向上旋轉（b→），如此便能觸摸到圓錐狀韌帶緊繃增加的狀態。使肩胛骨進行向下旋轉時，圓錐狀韌帶的緊繃程度便會減少，因而變得不容易觸診到，藉此便能對圓錐狀韌帶再次地進行確認。

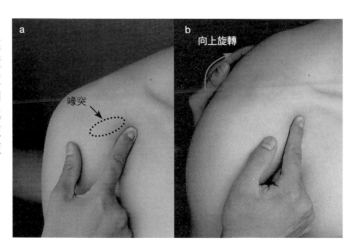

a

b　向上旋轉

喙突

III 韌帶

Skill Up

針對肩鎖關節脫位所進行的各種手術

針對肩鎖關節脫位所進行的手術大致可分為修補手術和重建手術。在手術之後的運動治療裡，為了能回復肩關節的完整功能，在選擇哪一種運動之前，必須先得知「在手術中，哪些組織進行過哪種治療」。

肩鎖關節的修補手術

此手術的重點在於「針對形成肩鎖關節的韌帶進行縫合，並修復已經斷裂的韌帶」。在Phemister手術方面，斷裂的韌帶縫合之後會用Kirschner鋼線固定肩鎖關節；在Bosworth手術方面，則會用螺絲釘固定鎖骨和喙突。

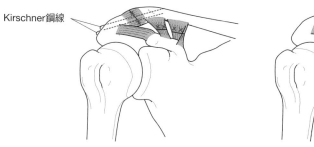

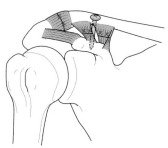

Phemister手術　　　　　　　　　　　Bosworth手術

肩鎖關節的重建手術

此手術的重點在於「不將斷裂的韌帶進行縫合，而是利用其他組織來重建肩鎖關節的穩定性」。Dewar手術是在肱二頭肌短頭和喙肱肌仍附著於喙突的狀態，便將喙突切斷，並將喙突移至鎖骨遠端的方法。Neviaser手術則是將喙突肩峰韌帶進行移動，以便能取代肩峰鎖骨韌帶。

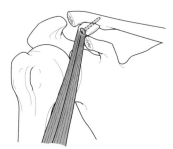

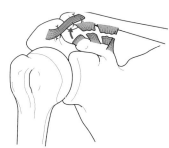

取自文獻1）　　　　　　Dewar手術　　　　　　　　　　　Neviaser手術

喙突肱骨韌帶 coraco-humeral ligament

解剖學上的特徵

- **[起端]**喙突的基底　**[止端]**肱骨的大結節、小結節
- 喙突肱骨韌帶有一部份是和胸小肌的纖維合併所構成的。
- 喙突肱骨韌帶會隨肩關節的內收、伸展、水平伸展運動而產生緊繃的現象，並隨著肩關節外展、屈曲、水平屈曲運動而出現鬆弛。
- 當肩關節以下垂位進行外旋運動時，喙突肱骨韌帶會出現強烈的緊繃狀態，這是為了抵抗骨頭下方的不穩定性所致。

臨床相關

- 喙突肱骨韌帶的粘黏、肥厚會明顯限制肩關節外旋的可動範圍，並成為肩關節緊縮的key point組織。
- 肌腱間隔包含了喙突肱骨韌帶。當肌腱間隔鬆弛時，骨頭的下方會出現不穩定性。
- 在肩關節呈外旋位的情況下，若出現向下不穩定（Sulcus sign [p.97]）時，有可能是上前方支持組織出現鬆弛的情況(喙突肱骨韌帶是上前方支持組織的一部份。)

相關疾病

肩關節緊縮、肩關節不穩定、迴旋肌間隔受損（rotator interval lesion）、肩峰下夾擠症候群等等。

III 韌帶

圖1-9　喙突肱骨韌帶的周邊解剖

喙突肱骨韌帶會從喙突基底開始連結肱骨的大、小結節。在多數的例子裡，喙突肱骨韌帶是和胸小肌的纖維合併所形成。喙突肱骨韌帶是疏鬆結締組織裡的主要韌帶，柔軟性相當大，但是一旦結疤就會引起明顯的緊縮，此組織在臨床上相當重要。

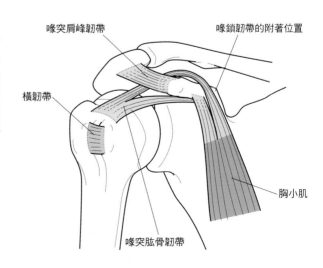

喙突肩峰韌帶　　喙鎖韌帶的附著位置

橫韌帶

胸小肌

喙突肱骨韌帶

圖1-10　喙突肱骨韌帶的功能解剖

在肩關節以下垂位進行外旋時，喙突肱骨韌帶會出現強烈的緊繃現象，同時迴旋肌間隔（rotator interval）也會從前後二方開始窄小化，這種情況與骨頭的穩定性有關。當肩關節進行內旋時，喙突肱骨韌帶就會開始鬆弛，而迴旋肌間隔則會從前後二方開始擴大。肩膀出現向下不穩定性時，如果有肩關節呈外旋位而出現向下不穩定性（Sulcus sign）的情況，便可能是上前方支持組織出現鬆弛的情況(喙突肱骨韌帶是上前方支持組織的一部份。)

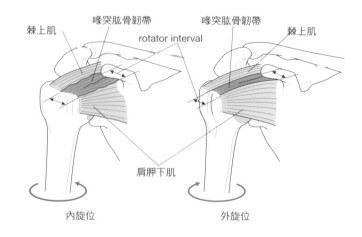

棘上肌　喙突肱骨韌帶　喙突肱骨韌帶　棘上肌

rotator interval

肩胛下肌

內旋位　　　　　　外旋位

圖1-11　喙突肱骨韌帶的觸診①

讓病患呈仰臥並調整姿勢，讓診療者可以從床的下方操縱病患的上肢。稍微伸展病患的肩關節，將手指放在大結節和小結節的上面。

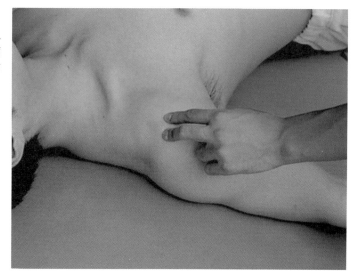

圖1-12　喙突肱骨韌帶的觸診②

接著，讓病患的肩關節伸展、內收、外旋，並對開始緊繃的喙突肱骨韌帶進行觸診。當難以辨認喙突肱骨韌帶時，則先感覺韌帶的緊繃狀態，接著使肩關節屈曲、內旋，以便使韌帶的緊繃狀態解除，之後，韌帶再一次緊繃時，便能清楚地判定喙突肱骨韌帶了。

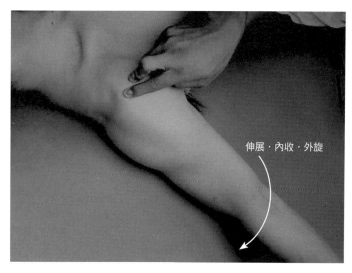

伸展・內收・外旋

肩峰鎖骨韌帶 acromio-clavicular ligament

解剖學上的特徵

● **[起端]**鎖骨肩峰端上方　　**[止端]**肩峰的上方
● 肩峰鎖骨韌帶的功能為支撐肩鎖關節，而肩鎖關節則為肩胛骨運動的支點。
● 肩峰鎖骨韌帶會限制鎖骨往肩峰方向上升。
● 當肩胛骨進行向上旋轉時，肩峰鎖骨韌帶的後方部位會產生緊繃；肩胛骨進行向下旋轉時，肩峰鎖骨韌帶的前方部位會產生緊繃。
● 在肩鎖關節的運動裡，其可動範圍在垂直軸最大約50°，在矢狀軸最大約30°，在額狀軸最大約30°。

臨床相關

● 肩鎖關節半脫位（Tossy II 型[參考p.96]）時，雖然喙鎖韌帶沒有斷裂，但是肩峰鎖骨韌帶卻是斷裂的狀態。
● 肩鎖關節完全脫位（Tossy III 型）時，喙鎖韌帶和肩峰鎖骨韌帶都是斷裂的狀態。
● 進行被動前方上舉160°～極限位置時，肩鎖關節若有疼痛感，便表示肩鎖關節內部可能有損傷（high arch test[參考p.97]）。
● 固定病患的肩胛骨並施加被動水平內收時，肩鎖關節若有疼痛感，則表示肩鎖關節內部可能有損傷（horizontal arch test[參考p.97]）。
● 在類似胸廓出口症侯群（thoracic outlet syndrome；TOS）等長期姿勢不良的病例裡，常會發現肩峰鎖骨韌帶有緊縮的現象。

相關疾病

肩鎖關節脫位、肩關節緊縮、胸廓出口症侯群、肩關節不穩定等等。

III
韌
帶

圖1-13　在肩鎖關節所進行的運動

肩鎖關節雖然被歸類為平面關節，卻不是進行類似椎骨那樣的直線運動，而是以肩峰沿著鎖骨弧形的方式來進行運動。肩峰往鎖骨的後方移動時，被稱為後縮（retruction）；肩峰往鎖骨的前方移動時，稱為前引（protruction）。

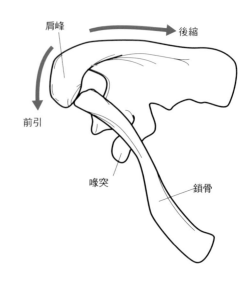

圖1-14　肩胛骨運動所造成的肩峰鎖骨韌帶緊繃差異

隨著肩胛骨運動位置的不同，肩峰鎖骨韌帶的制動部位（緊繃部位）也會有所變化。因為肩胛骨外展時必定會產生向上旋轉，所以肩峰在運動過程中會往前方移動，同時內側會往下方下移，因此會對這個動作有所抵抗的部位，就是肩峰鎖骨韌帶的後方纖維群。相反地，當肩胛骨內收時，則是前方纖維群產生緊繃。

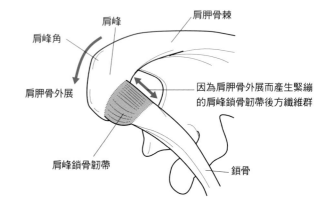

圖1-15　以肩鎖關節為中心的肩胛骨運動

肩鎖關節在進行肩胛骨運動的Moseley，垂直軸最大角度約50°，矢狀軸最大角度約30°，而額狀軸最大角度約30°。

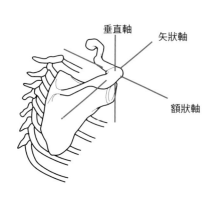

修改自文獻2）

在垂直軸所進行的運動
（最大角度為50°）

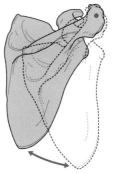

在矢狀軸所進行的運動
（最大角度為30°）

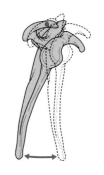

在額狀軸所進行的運動
（最大角度為30°）

圖1-16　肩鎖關節脫位的X光片

此圖是肩鎖關節脫位病例的X光片。鎖骨肩峰端很明顯地移位至肩峰的上方，且鎖骨肩峰端和肩峰之間完全沒有接觸。在這種情況下，肩峰鎖骨韌帶和喙鎖韌帶皆呈完全斷裂的狀態。

轉載自文獻(3)

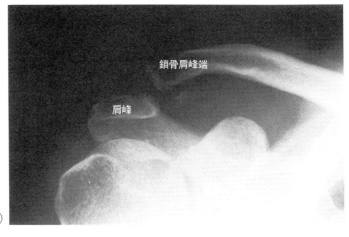

圖1-17　肩峰鎖骨韌帶的觸診①

讓病患呈側臥，診療者用其中一隻手包住病患的鎖骨肩峰端（C），而另一隻手則包住肩峰（A），以此狀態開始觸診。

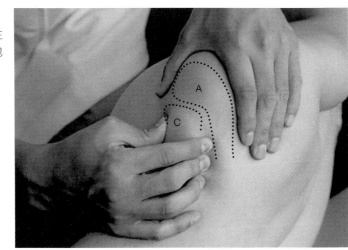

圖1-18　肩峰鎖骨韌帶的觸診②

診療者用其中一隻手固定病患的鎖骨肩峰端，讓肩峰沿著鎖骨的曲線往前方及後方滑動，以此方式對肩峰鎖骨韌帶的裂縫進行觸診。

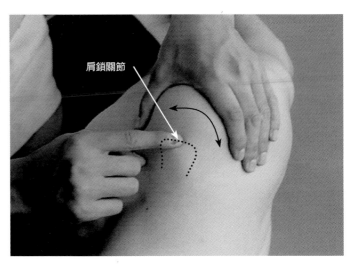

圖1-19　肩峰鎖骨韌帶的觸診③

進行肩峰鎖骨韌帶前方部位的觸診時，要
固定病患的鎖骨肩峰端，讓肩峰的前緣往
遠側下降（圖中①）。當肩峰前緣滑動至
後方時（圖中②），便能觸診到肩峰鎖骨
韌帶前方纖維開始緊繃的狀態。

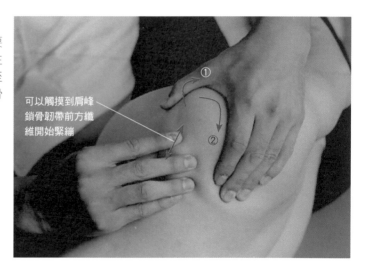

可以觸摸到肩峰
鎖骨韌帶前方纖
維開始緊繃

圖1-20　肩峰鎖骨韌帶的觸診④

進行肩峰鎖骨韌帶後方部位的觸診時，要
固定病患的鎖骨肩峰端，讓肩峰角往遠側
下降（圖中①）。當肩峰角滑動至前方時
（圖中②），便能觸診到肩峰鎖骨韌帶後
方纖維開始緊繃的狀態。

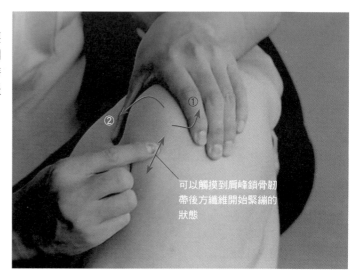

可以觸摸到肩峰鎖骨韌
帶後方纖維開始緊繃的
狀態

Skill Up

Tossy分類

為肩鎖關節脫位的分類法之一，分成三種類型。Ⅰ型是沒有不穩定性的類型；Ⅱ型是呈現
肩峰鎖骨韌帶斷裂而且剩下喙鎖韌帶的半脫位狀態；Ⅲ型是肩鎖關節的所有韌帶全都斷
裂，使肩鎖關節呈現完全脫位的狀態。

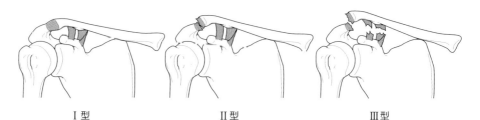

Ⅰ型　　　　　　　　　Ⅱ型　　　　　　　　　Ⅲ型

取自文獻4、5）

96

Skill Up

Sulcus sign

讓病患的肩關節呈下垂位，診療者抓住病患的肱骨往下方施加牽引。此時，如果肩峰和肱骨頭之間出現了凹陷，則為陽性，重點就在於要比較肩關節的內旋位、中間位、外旋位這三種肢體位置的狀態。

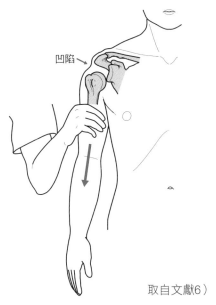

凹陷→

取自文獻6）

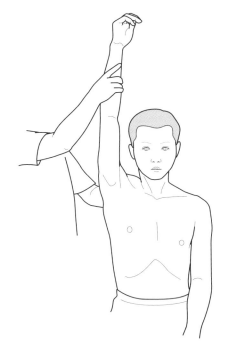

high arch test

肩鎖關節被動進行前方上舉160°～極限位置時，若肩鎖關節有疼痛感，則可能是肩鎖關節內部有損傷。

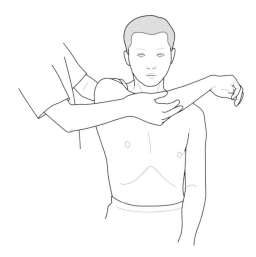

horizontal arch test

在固定病患的肩胛骨並施加被動水平內收時，若肩鎖關節會感覺到疼痛，就有可能是肩鎖關節內部有損傷。

Ⅲ 韌帶

前胸鎖韌帶 anterior sterno-clavicular ligament
肋鎖韌帶 costo-clavicular ligament

解剖學上的特徵

- **前胸鎖韌帶**：[起端]鎖骨的胸骨端前方　　　　[止端]胸骨柄的前方
- **肋鎖韌帶**　：[起端]第一肋軟骨內側端的上方　[止端]鎖骨的肋鎖韌帶壓痕
- 前胸鎖韌帶補強了胸鎖關節關節囊的前面，而後胸鎖韌帶則補強了胸鎖關節關節囊的後面。
- 胸鎖關節是具有三度自由度的的關節，在形狀上，是屬於球窩關節。
- 前胸鎖韌帶會控制鎖骨伸展，而後胸鎖韌帶則會控制鎖骨屈曲。
- 肋鎖韌帶會控制鎖骨上舉和向後旋轉。

臨床相關

- 胸鎖關節脫位是非常少見的一種外傷，而前方脫位就占了胸鎖關節脫位病例裡的大部份。前方脫位時，前胸鎖韌帶呈斷裂的狀態。
- 胸鎖關節後方脫位時，食道、氣管、大動脈可能會受到壓迫到，並造成生命危險。關節後方脫位時，後胸鎖韌帶呈斷裂的狀態。
- 胸鎖關節脫位的X光分類是採用Allman分類法。
- 在類似胸廓出口症候群（thoracic outlet syndrome；TOS）等長期呈現姿勢不良的病例裡，胸鎖關節的伸展及上舉大多會受到限制，而前胸鎖韌帶以及肋鎖韌帶所出現的緊縮則是主要的治療對象。

相關疾病

胸鎖關節脫位、肩關節緊縮、胸廓出口症候群等等。

圖1-21　胸鎖關節的周邊解剖

胸鎖關節的關節囊裡有著關節盤（disc）。
胸鎖關節由前‧後胸鎖韌帶、肋鎖韌帶、
鎖骨間韌帶等部位進行補強。

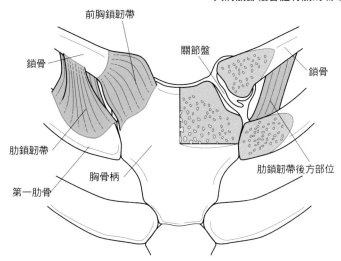

圖1-22　以胸鎖關節為中心的鎖骨運動

胸鎖關節的運動基本上分為三種。在矢狀軸，能往上方移動約45°、能往下方移動約5°；在垂直軸，能往前方
移動約15°、能往後方移動約15°；在額狀軸，能往後方旋轉約50°。

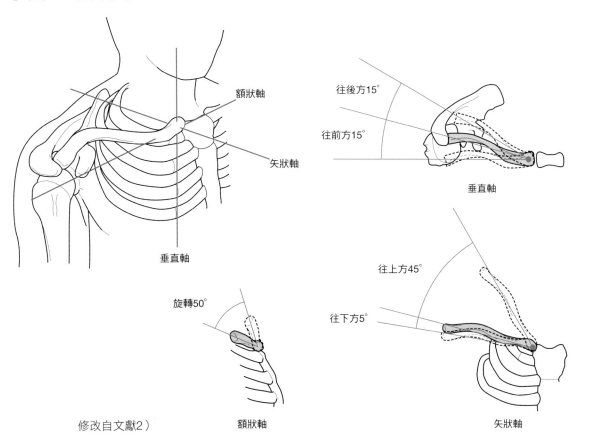

修改自文獻2）

Ⅲ
韌
帶

圖1-23　胸鎖關節脫位的X光分類（Allman分類法）

在正常狀況下，左右鎖骨長軸所連成的線會呈一直線。前方脫位時，鎖骨會往上方移位；後方脫位時，鎖骨會往下方移位。

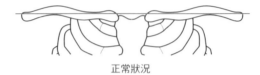

正常狀況

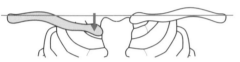

胸鎖關節後方脫位

胸鎖關節前方脫位

取自文獻7）

圖1-24　前胸鎖韌帶的觸診①

讓病患呈側臥，診療者用其中一隻手支撐住病患鎖骨的肩峰端部位，而另一隻手的手指則放在鎖骨的胸骨端前方，以此姿勢作為觸診起始位置。

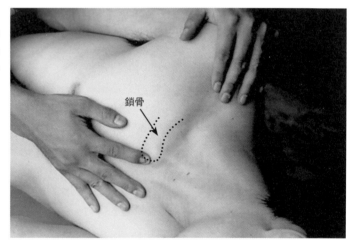

圖1-25　前胸鎖韌帶的觸診②

從起始位置開始，下壓病患的鎖骨，並同時往後方伸展，如此可以觸診到前胸鎖韌帶的緊繃狀態。

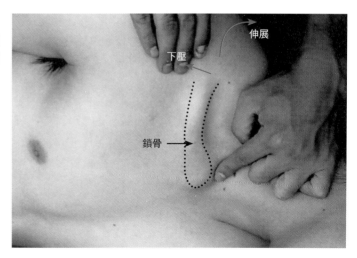

圖1-26 肋鎖韌帶的觸診①

讓病患呈側臥，而診療者用其中一隻手支撐住病患的鎖骨肩峰端部位，並上舉約20°，讓肋鎖韌帶產生某種程度的緊繃狀態，此姿勢為觸診起始位置。

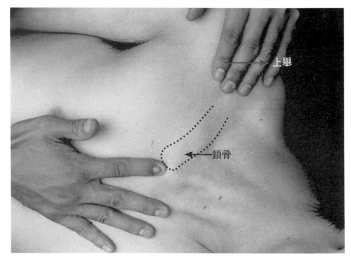

圖1-27 肋鎖韌帶的觸診②

診療者將手指放在病患第一肋軟骨的內側上方處，從起始位置開始讓鎖骨往後方伸展，如此就可以觸診到肋鎖韌帶的緊繃狀態。

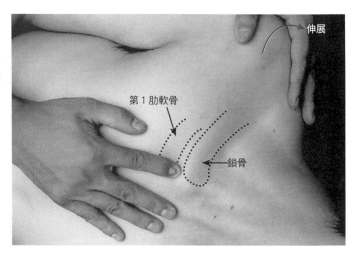

Ⅲ 韌帶

肩關節囊狀韌帶
capsular ligament of the shoulder joint

解剖學上的特徵

- 肩關節囊：
  [起端] 肩胛頸、關節唇與關節唇外圍　[止端] 肱骨的解剖頸與大・小結節
- 上側盂肱韌帶（superior gleno-humeral ligament；SGHL）：
  [起端] 在肱二頭肌長頭肌腱附著處的前方　[止端]小結節的上方
- 中盂肱韌帶（middle gleno-humeral ligament；MGHL）：
  [起端]前上方的關節窩和關節唇　[止端]小結節的內側
- 前下側盂肱韌帶（anterior inferior gleno-humeral ligament；AIGHL）：
  [起端]前方關節唇　[止端] 解剖頸的下緣
- 後下側盂肱韌帶（posterior inferior gleno-humeral ligament；PIGHL）：
  [起端]後方關節唇　[止端] 解剖頸的下緣
- AIGHL和PIGHL的中間位置稱為腋下隱窩，而這三個部位則合稱下側盂肱韌帶複合體（inferior gleno-humeral ligament complex；IGHLC）。

臨床相關

- SGHL和喙突肱骨韌帶，是肩關節下垂位外旋運動受到限制的原因。
- MGHL和AIGHL是肩關節外展位外旋運動受到限制的原因。
- PIGHL是肩關節屈曲位內旋運動受到限制的原因。
- 後關節囊和PIGHL是肩關節水平屈曲運動受到限制的原因。
- 前關節囊、MGHL和AIGHL是肩關節水平伸展運動受到限制的原因。
- 肩關節前方脫位的起因為，MGHL和AIGHL斷裂，以及前下方的關節唇破裂。
- 肩關節直立脫位的起因是IGHLC斷裂。
- 所謂的loose shoulder是指囊狀韌帶呈過度鬆弛的狀態。

相關疾病

肩關節周圍炎、肩關節脫位、loose shoulder、肩關節習慣性脫位、肩關節緊縮等等。

圖1-28　肩關節囊狀韌帶的周邊解剖

A：肩峰

LHB：肱二頭肌長頭肌腱

CH：喙突肱骨韌帶

SGHL：上側盂肱韌帶

C：喙突

MGHL：中盂肱韌帶

AIGHL：前下側盂肱韌帶

PIGHL：後下側盂肱韌帶

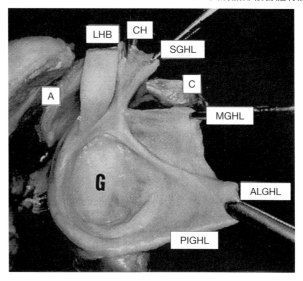

轉載自文獻8）

圖1-29　肩關節囊狀韌帶的穩定性結構

肩關節囊狀韌帶會跟肱骨長軸呈大約45°的角度，並附著於肱骨。因此，當肱骨呈下垂位時，肩關節囊狀韌帶的上方部位會出現緊繃狀態。而當肱骨呈45°以上的外展時，會使肩關節囊狀韌帶的下方部位出現緊繃狀態。組織會依肢體位置的不同而改變緊繃的部位，藉此能使骨頭獲得穩定性。肱骨外旋會使肩關節囊狀韌帶前方部位緊繃、而內旋則使肩關節囊狀韌帶後方部位緊繃，這點同樣是和骨頭的穩定性有關。

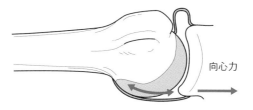

90°外展位

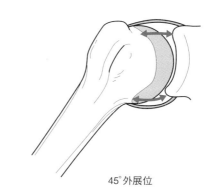

45°外展位

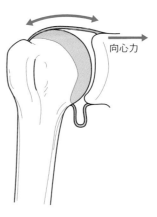

下垂位

III 韌帶

圖1-30　肩關節囊狀韌帶後下方部
　　　　（PIGHL）的觸診①

在進行肩關節囊狀韌帶的觸診時，因為無
法直接觸摸到組織，所以必須改變緊繃部
位，以便感覺其抵抗感的差異。讓病患仰
臥並進行水平屈曲運動，診療者用其中一
隻手將病患的肩胛骨確實固定住，另一隻
手則讓病患的肩關節呈外旋位並進行被動
水平屈曲運動，確認其可動範圍和抵抗
感。

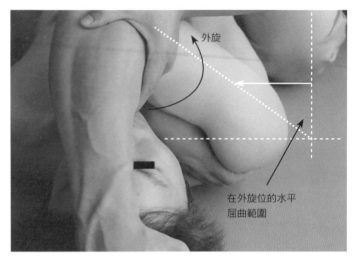

外旋

在外旋位的水平
屈曲範圍

圖1-31　肩關節囊狀韌帶後下方部
　　　　（PIGHL）的觸診②

接著，讓病患肩關節呈內旋位，並同樣地
進行肩關節的水平屈曲運動，在可動範圍
明顯減少的同時可以感覺到強烈的抵抗
感。此觸診方法也可以作為肩關節囊狀韌
帶後下方部的伸展運動。

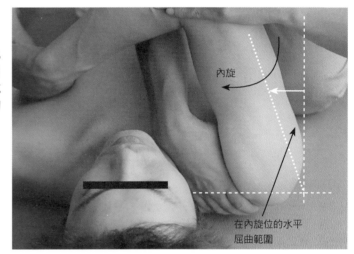

內旋

在內旋位的水平
屈曲範圍

圖1-32　肩關節囊狀韌帶前下方部
　　　　（MGHL&AIGHL）的觸診①

要進行水平伸展運動，診療者先用其中一
隻手將病患的肩胛骨確實固定住，接著讓
肩關節呈內旋位並進行被動水平伸展，確
認其可動範圍和抵抗感。

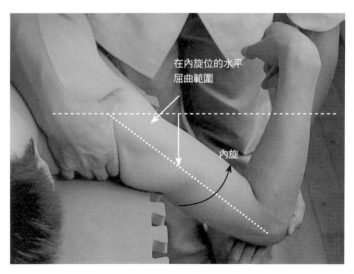

在內旋位的水平
屈曲範圍

內旋

圖1-33 肩關節囊狀韌帶前下方部 （MGHL&AIGHL）的觸診②

接著，讓病患肩關節呈外旋位並進行被動水平伸展運動，確認其可動範圍和抵抗感。和內旋時相比，可以明顯感覺到可動範圍減少，而且抵抗的程度則增強了。

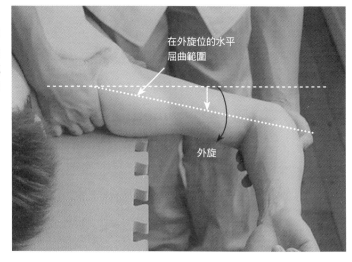

在外旋位的水平屈曲範圍

外旋

圖1-34 肩關節囊狀韌帶後上方部的觸診①

要進行肩關節內收運動，使病患的手臂傾斜於胸部前方。診療者用其中一隻手將病患的肩胛骨確實固定住，讓病患的肩關節呈外旋位並進行被動內收，確認其可動範圍和抵抗感。

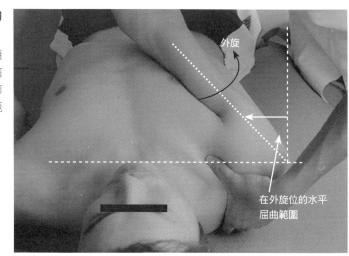

外旋

在外旋位的水平屈曲範圍

III
韌帶

圖1-35 肩關節囊狀韌帶後上方部的觸診②

接著讓肩關節呈內旋位並進行被動內收，確認其可動範圍和抵抗感。和外旋時相比，可以明顯感覺到可動範圍的減少以及抵抗的程度增加。

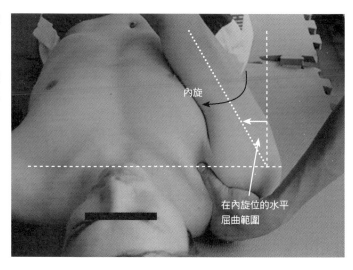

內旋

在內旋位的水平屈曲範圍

內側副韌帶 medial collateral ligament

解剖學上的特徵

● 內側副韌帶分為前斜韌帶、後斜韌帶、橫纖維。

● **前斜韌帶**（anterior oblique ligament；AOL）

　　[起端] 肱骨內上髁腹側　[止端] 尺骨冠狀突的內側面

● **後斜韌帶**（posterior oblique ligament；POL）

　　[起端] 肱骨內上髁背側　[止端] 尺骨鷹嘴的內側面

● 當肘關節進行屈曲伸展運動時，前斜韌帶的長度幾乎沒有變化，這表示不管在哪個角度，前斜韌帶經常是保持一定的緊繃狀態。主要是作為控制外翻運動的穩定組織。

● 當肘關節進行屈曲伸展運動時，後斜韌帶的長度會大約變成二倍。當肘關節屈曲時，後斜韌帶的緊繃程度是最強的，因此後斜韌帶被視為肘關節屈曲的外翻控制組織。

● 橫纖維連結於尺骨間，有關於橫纖維的功能目前仍未明朗。

臨床相關

● 對於出現內側不穩定性的棒球肘病例，其前斜韌帶的鬆弛會造成問題。

● 因為前斜韌帶在肘關節屈曲伸展時並沒有什麼長度變化，所以和緊縮的關聯很少。

● 當內側副韌帶疑似損傷時，除了進行一般的X光照射外，也要以外翻壓力檢查的姿勢來進行X光的照射。比較兩者結果以便診斷韌帶的損傷情況。

● 因為後斜韌帶在肘關節屈曲伸展時會有很大的長度變化，所以和肘關節伸展緊縮的關聯相當大。

● 肘關節周圍外傷後所產生的伸展緊縮病例裡，伸展緊縮的原因大多為後內側部所產生的粘黏及結疤，而後內側部的範圍就包括了後斜韌帶。多數報告指出，切除此組織之後，可以回復良好的可動範圍。

相關疾病

內側副韌帶損傷、肱骨內上髁撕裂性骨折、棒球肘[參考p.109]、外傷後肘關節伸展緊縮等等。

圖2-1 內側副韌帶的周邊解剖

內側副韌帶分為前斜韌帶、後斜韌帶、橫纖維。前斜韌帶和外翻控制的關聯最大，而後斜韌帶和肘關節緊縮則有很大的關聯。

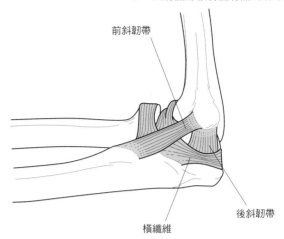

前斜韌帶

後斜韌帶

橫纖維

圖2-2 內側副韌帶的兩點間距離

相對於前斜韌帶（L_1）在任何屈曲角度都保持一定的距離，後斜韌帶（L_5）的兩點間距離則隨屈曲而變大，此顯示後斜韌帶有明顯緊縮的現象。

取自文獻9）

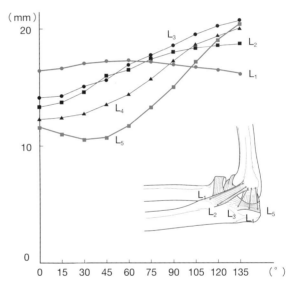

III 韌帶

圖2-3 內側副韌帶前斜韌帶的觸診①

進行前斜韌帶的觸診時，一開始先讓病患的肘關節稍微屈曲，診療者將手指放在內上髁的腹側遠側位置。

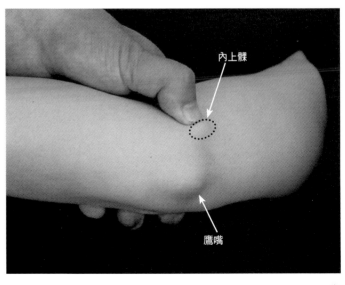

內上髁

鷹嘴

107

圖2-4　內側副韌帶前斜韌帶的觸診②

在診療者手指置於病患內上髁腹側遠側位置的狀態下，對病患的肘關節施加外翻和伸展。隨著這些動作便能觸診到前斜韌帶開始緊繃的狀態。

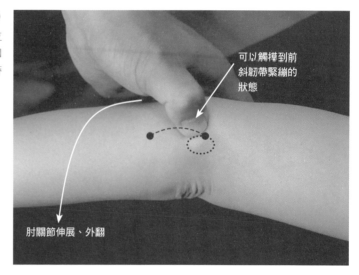

可以觸撐到前斜韌帶緊繃的狀態

肘關節伸展、外翻

圖2-5　內側副韌帶前斜韌帶的觸診③

讓病患的肘關節屈曲，前斜韌帶的緊繃狀態便會消失。此時再次施加外翻，便能再次對前斜韌帶的緊繃進行觸診。

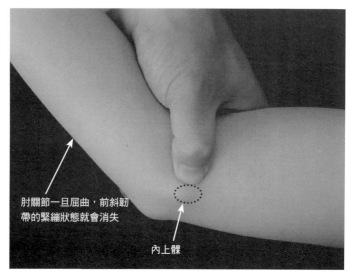

肘關節一旦屈曲，前斜韌帶的緊繃狀態就會消失

內上髁

圖2-6　內側副韌帶後斜韌帶的觸診①

讓病患的肘關節屈曲約90°。而診療者要將手指放在肱骨長軸通過內上髁之後，和鷹嘴內側面交會的位置。

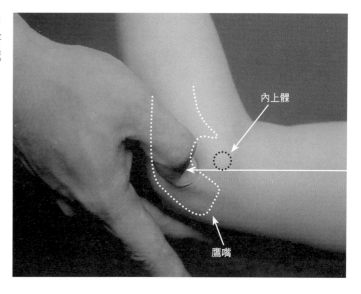

內上髁

鷹嘴

圖2-7　內側副韌帶後斜韌帶的觸診②

接著讓病患的肘關節慢慢地屈曲。因為鷹嘴會隨屈曲開始移動，所以不要讓手指遠離最初所觸摸的鷹嘴內側面，這點必須注意。

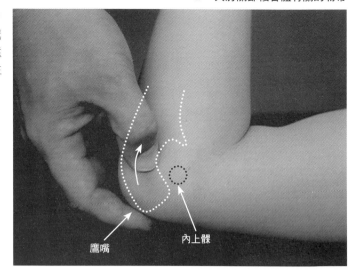

鷹嘴　　　內上髁

圖2-8　內側副韌帶後斜韌帶的觸診③

肘關節的屈曲角度大約超過120°之後，便觸摸得到後斜韌帶緊繃開始增強的情況。如果難以感覺到韌帶的緊繃情況，則從深度屈曲位施加外翻，韌帶便會更加緊繃，如此便能更輕易地觸摸到後斜韌帶了。

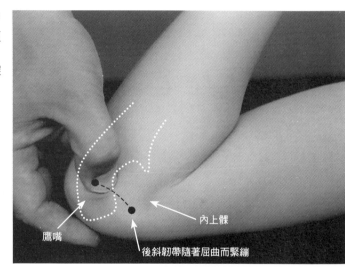

鷹嘴　　　內上髁

後斜韌帶隨著屈曲而緊繃

III

韌帶

運動所產生的肘關節障礙

運動所造成的肘關節障礙大致分為內側型、外側型、後方型。而在投球障礙裡，內側型的發生頻率是最高的，外側型和後方型則是以骨性占了大部分的原因。

內側型	外側型
骨軟骨障礙 　內上髁骨端線損傷 　骨骺核受損 　骨贅形成 　游離性骨碎片	外傷性分離性骨軟骨炎 關節游動體 外側肱骨髁上炎
軟組織損傷 　肱骨內上髁炎 　旋前屈肌群障礙 　內側副韌帶損傷 　尺神經炎、尺神經脫位 　肘隧道症候群	**後方型**
	分離體形成 鷹嘴骨端線鬆解、疲勞性骨折 骨端線延遲閉合 骨贅形成（鷹嘴） 退化性肘關節炎 夾擠障礙

取自文獻10）

外側尺側副韌帶
lateral ulnar collateral ligament

解剖學上的特徵

● [起端] 肱骨外上髁　[止端] 尺骨旋後肌

● 外側尺側副韌帶是在1985年由Morrey所發表的。在位於肱尺關節外側的韌帶之中，外側尺側副韌帶是唯一和肱尺關節穩定性有關的韌帶。

● 在控制肘關節內翻的同時，外側尺側副韌帶也能控制肱尺關節後外側旋轉的不穩定性。

臨床相關

● 在1991年，O'Dricoll提出，外側尺側副韌帶和肘關節的後外側旋轉性不穩定症（posterolateral rotatory instability；PLRI），這兩者之間有很大的關聯。

● 在肱尺關節外側的韌帶之中，外側尺側副韌帶位於最後方。因此，當肘關節屈曲時，外側尺側副韌帶的伸展距離會變長，因此而成為限制屈曲的因素之一。

相關疾病

肘關節的後外側旋轉性不穩定症、外側副韌帶損傷、肘關節緊縮等等。

圖2-9　外側尺側副韌帶的解剖

外側尺側副韌帶起始於外上髁，止於尺骨旋後肌嵴。在位於肱尺關節外側的韌帶之中，外側尺側副韌帶是擁有穩定肱尺關節這個特別功能的韌帶。

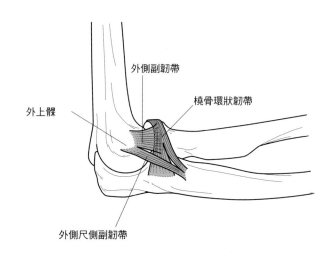

外側副韌帶

橈骨環狀韌帶

外上髁

外側尺側副韌帶

圖2-10 後外側旋轉性不穩定症（PLRI）

後外側旋轉性不穩定症（PLRI），是指橈骨和尺骨同時在後方外側出現不穩定的狀況。後外側旋轉性不穩定症是在1991年由O'Dricoll所發表，此症狀的起因為外側尺側副韌帶出現斷裂、鬆弛。

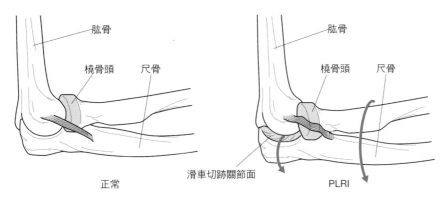

修改自文獻11）

圖2-11 外側尺側副韌帶的觸診①

進行外側尺側副韌帶的觸診時，一開始先讓病患的肘關節稍微屈曲，前臂則旋後。診療者將手指放在連結肱骨外上髁和橈骨頭後緣的線上，接著移動至橈骨頭較遠側的位置（藍色虛線處）。

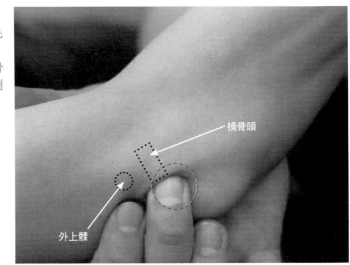

圖2-12 外側尺側副韌帶的觸診②

接著，對病患的前臂施加強制旋後，並讓肘關節進行內翻，如此便能觸診到外側尺側副韌帶緊繃的加強狀態。

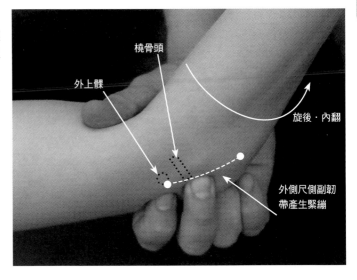

Ⅲ
韌帶

111

外側副韌帶 lateral collateral ligament(LCL)

解剖學上的特徵

● [起端] 肱骨外上髁　　[止端] 橈骨環狀韌帶
● 外側副韌帶是補強肘關節外側的韌帶，能控制肘關節內翻。
● 外側副韌帶的前方部份會在肘關節伸展時產生緊繃，後方部份則會在肘關節屈曲時產生緊繃。

臨床相關

● 外側副韌帶斷裂時，肘關節會出現明顯的內翻不穩定。要進行內翻不穩定性的徒手檢查時，應該要讓病患的肘關節稍微屈曲。若以伸展位進行檢查，則會因為骨性使肱尺關節得到穩定性，故而無法獲得正確的結果。
● 在外側肱骨髁上炎的病例裡，經常會出現LCL本身有強烈壓痛的例子。

相關疾病

● 外側副韌帶損傷[參考p.114]、肱骨外上髁撕裂性骨折、外側肱骨髁上炎（網球肘）、肘關節緊縮等等。

圖2-13　外側副韌帶的解剖

外側副韌帶起始於外上髁，止於橈骨環狀韌帶。外側副韌帶短縮會間接促使橈骨環狀韌帶出現緊繃狀態，而影響近側橈尺關節運動。

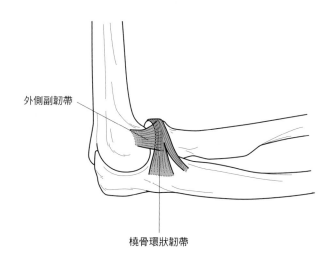

外側副韌帶

橈骨環狀韌帶

圖2-14 外側副韌帶的兩點間距離

相對於中間纖維（L_2'）在任何屈曲角度下都保持著一定的距離，後方纖維（L_3'）的兩點間距離則會隨著屈曲而變大。但是，若和內側副韌帶的後斜韌帶變化相比，後方纖維則至少有5mm的變化程度。

取自文獻9）

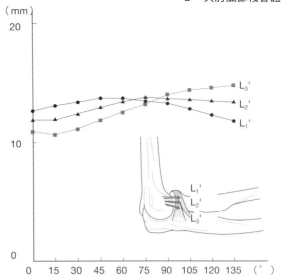

圖2-15 外側副韌帶的觸診①

進行外側副韌帶的觸診時，要先讓病患的肘關節稍微屈曲，而前臂則旋前。診療者將手指放在病患外上髁的遠側。接著，對肘關節施加強制內翻，如此便能觸診到外側副韌帶開始緊繃的狀態。

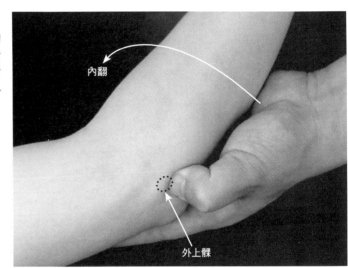

內翻

外上髁

圖2-16 外側副韌帶的觸診②

進行外側副韌帶後纖維的觸診時，要將外上髁後緣和橈骨頭後緣連成一線，而診療者則將手指放在這條線的中間點。接著，讓病患的肘關節進行深度屈曲，如此便能觸診到外側副韌帶後纖維開始緊繃的狀態。

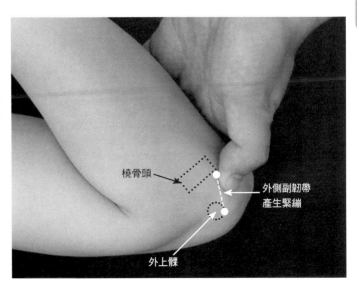

橈骨頭

外側副韌帶產生緊繃

外上髁

Skill Up

肘關節副韌帶損傷

外側副韌帶損傷

當強力的內翻負荷施加於肘關節時，作為其控制組織的外側副韌帶就會斷裂。那股力量會集中在外側副韌帶的起端（肱骨外上髁），而發生在這個部位的骨折就是肱骨外上髁的撕裂性骨折。內翻壓力檢查則是用來確認韌帶是否斷裂的徒手檢查。

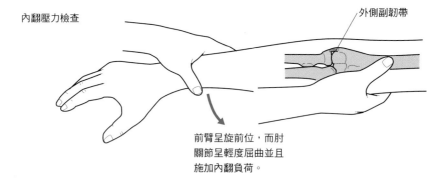

內翻壓力檢查

外側副韌帶

前臂呈旋前位，而肘關節呈輕度屈曲並且施加內翻負荷。

內側副韌帶損傷

當強力的外翻負荷施加於肘關節時，作為其控制組織的內側副韌帶便會斷裂。那股力量會集中在內側副韌帶的起端（肱骨內上髁），而發生在這個部位的骨折就是肱骨內上髁的撕裂性骨折。外翻壓力檢查則是用來確認韌帶是否斷裂的徒手檢查。

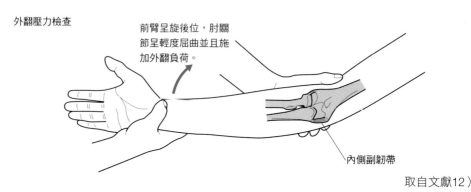

外翻壓力檢查

前臂呈旋後位，肘關節呈輕度屈曲並且施加外翻負荷。

內側副韌帶

取自文獻12）

114

橈骨環狀韌帶 anular ligament

解剖學上的特徵

● **[起端]** 尺骨的橈骨切跡前緣　　**[止端]** 尺骨橈骨切跡後緣
● 外側副韌帶附著在橈骨環狀韌帶上。
● 橈骨環狀韌帶包圍了橈骨頭的關節環狀面，這關係到近側橈尺關節的穩定。
● 橈骨頭在前臂旋前時會移動到外側，因此橈骨環狀韌帶會出現強烈的緊繃現象，近側橈尺關節能得到穩定。

臨床相關

● 扯肘症經常病發在拉扯幼兒手腕的時候，是橈骨環狀韌帶夾擊所致。
● 橈骨環狀韌帶和外側副韌帶的短縮，是前臂旋前受到限制的原因。
● 在難治性外側肱骨髁上炎的一部份病例裡，有藉由切除部分橈骨環狀韌帶（Bosworth手術）以減輕疼痛的例子。

相關疾病

近側橈尺關節脫位、扯肘症、前臂旋前限制、外側肱骨髁上炎（網球肘）、Monteggia骨折等等。

Ⅲ 韌帶

圖2-17　fibro-osseous ring的解剖

fibro-osseous ring是指尺骨橈骨切跡和橈骨環狀韌帶所構成的環節，它包圍了橈骨頭的關節環狀面，藉此能使近側橈尺關節得到安定，而方形韌帶也輔助了關節穩定。

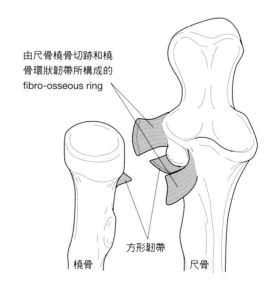

由尺骨橈骨切跡和橈骨環狀韌帶所構成的fibro-osseous ring

方形韌帶

橈骨　　尺骨

取自文獻13）

115

圖2-18　前臂旋轉所形成的橈骨頭運動

在進行fibro-osseous ring時，橈骨頭會隨著前臂旋前而往外側傾斜，並在往外側移位至約2mm的同時，又往後方移動。在前臂旋轉的過程中，橈骨環狀韌帶本身必須擁有柔軟性以便能接受橈骨頭運動。

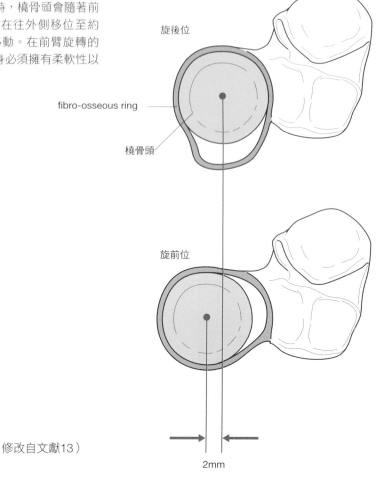

旋後位

fibro-osseous ring

橈骨頭

旋前位

修改自文獻13）

2mm

圖2-19　橈骨環狀韌帶的觸診①

進行橈骨環狀韌帶的觸診時，一開始先讓病患的肘關節呈90°屈曲，前臂呈旋後位。診療者用手指確認橈骨頭的位置之後，沿著橈骨頭的弧形往背側移動，如此便會觸碰到近側橈尺關節。

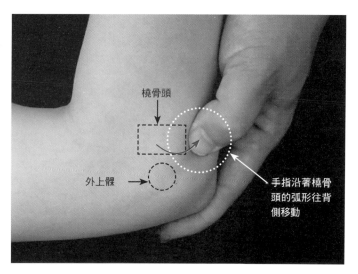

橈骨頭

外上髁

手指沿著橈骨頭的弧形往背側移動

圖2-20　橈骨環狀韌帶的觸診②

接著，對病患的前臂施加強制旋前和壓迫，使橈骨頭往背側外側移動。此時能觸診到橈骨環狀韌帶隨橈骨頭動作而產生的緊繃現象。

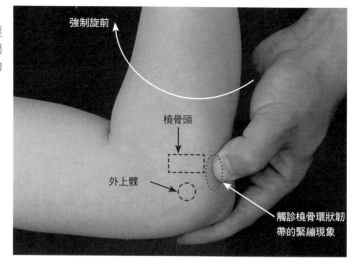

強制旋前

橈骨頭

外上髁

觸診橈骨環狀韌帶的緊繃現象

Skill Up

外側肱骨髁上炎（網球肘）

外側肱骨髁上炎別名為網球肘（tennis elbow），但這種運動傷害不是只發生在網球選手身上。Cyriax（1936）針對外上髁炎的病症所做的報告相當有名，其歸納了25種的病症。近年來經過整理，被區分為①外上髁起端的斷裂、纖維化、變性　②環狀韌帶的病變　③滑膜炎　④神經炎　⑤關節病　⑥頸神經病變這六大類。在這裡，我們保留了Cyliax報告的英文記載，內容如下。

1. Traumatic periostitis
2. Arthritis,synovitis,sprain,adhesion,or torn capsule of the radio-humeral joint.
3. Arthritis,synovitis,sprain,adhesion,or torn capsule of radio-ulnar joint.
4. Displaced,frayed,torn,inflamed,orbicular ligament.
5. Sprained,torn,radial collateral ligament.
6. Inflamed or calcified radio-humeral bursa.
7. Inflamed or calcified subcutaneous epicondylar bursa.
8. Nippled synovial fringe in radio-humeral or radio-ulnar joint.
9. Tear or fibrosis of extensor origin.
10. Tear or fibrosis of supinator brevis.
11. Torn pronator radii teres,
12. Torn extensor carpi radialis longus.
13. Torn extensor carpi radialis brevis.
14. Tear or fibrosis of brachioradialis.
15. Tear,sprain,fibrosis of extensor digitrum communis.
16. Myositis or tear of extensor muscles.
17. Torn anconeus.
18. Radial incongruence.
19. Twist of whole radius.
20. Rheumatism,gout,influenzal sequelae,focal sepsis,arthritic diasthesis.
21. Neuritis of radial posterior interosseous,or cutaneus antebrachii lateralis.
22. Saturnism
23. Osteomalacia
24. Deposits about olecranon
25. Osteochondritis

取自文獻14）

III
韌帶

IV 肌肉

三角肌 deltoid muscle

解剖學上的特徵

● 三角肌前端纖維（anterior fiber of deltoid muscle）

　[起端] 鎖骨外側1/3處的前緣　　[止端] 肱骨中央外側的三角肌粗隆

● 三角肌中間纖維（middle fiber of deltoid muscle）

　[起端] 肩峰的外側緣　　[止端] 肱骨中央外側的三角肌粗隆

● 三角肌後端纖維（posterior fiber of deltoid muscle）

　[起端] 肩胛骨棘的下緣　　[止端] 肱骨中央外側的三角肌粗隆

　[支配神經] 腋神經（C5、C6）

● 三角肌中間纖維的肌肉纖維排列方式為羽狀構造，而前端纖維和後端纖維之間則是稍微以平行方式伸展纖維。

肌肉功能的特徵

● **三角肌前端纖維**（anterior fiber of deltoid muscle）

　肩關節下垂位　→　屈曲和內旋

　90°屈曲位　　→　屈曲和內旋

　90°外展位　　→　水平屈曲

● **三角肌中間纖維**（middle fiber of deltoid muscle）

　肩關節下垂位　→　外展

　90°屈曲位　　→　前方纖維群為水平屈曲，後方纖維群為水平伸展

　90°外展位　　→　外展

● **三角肌後端纖維**（posterior fiber of deltoid muscle）

　肩關節下垂位　→　伸展和外旋

　90°屈曲位　　→　水平伸展

　90°外展位　　→　水平伸展

臨床相關

● 三角肌在肩關節的各種運動中，是形成強力旋轉力矩的重要肌肉。

● 要完全發揮三角肌的肌力，最不可欠缺的便是由旋肌肉的肌腱群所構成的支點形成力。

● 腋神經麻痺時，會出現三角肌萎縮、外展肌力下降以及肱部外側的知覺障礙。

相關疾病

四角空間症候群（quadrilateral space syndrome）、腋神經麻痺、三角肌緊縮症[參考p.124]等等。

圖1-1 三角肌的構造

三角肌的起端區分為三種，前端纖維起始
於鎖骨、中間纖維起始於肩峰、後端纖維
起始於肩胛骨棘。此外在其超顯微構造
裡，只有中間纖維是羽狀構造，和其他二
條肌肉的構造不同。

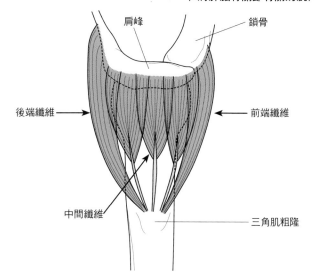

圖1-2 三角肌的作用

三角肌會依不同的肢體活動而有不同的作
用。在肩關節下垂位（a、b）時，前端纖
維作用於屈曲、內旋，中間纖維作用於外
展，至於後端纖維則是作用於伸展、外
旋。當肩關節呈90°外展位時，前端纖維和
中間纖維的前方部份會作用於水平屈曲、
後端纖維和中間纖維的後方部份會作用於
水平伸展（c）。必須時常思考當關節位置
有所改變時，在起端和止端的關係上會產
生什麼樣的變化。

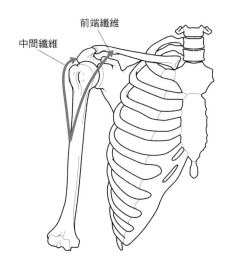

a

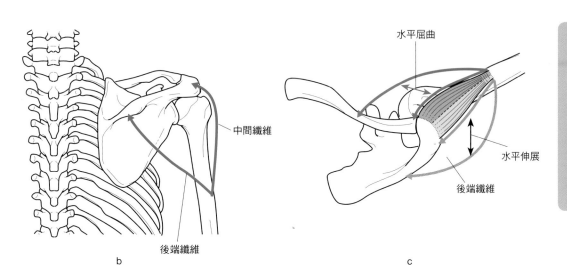

b

c

IV
肌
肉

圖1-3　三角肌前端纖維的觸診①

進行觸診時，讓病患呈坐姿，肩關節呈下垂位。在下垂位屈曲運動中，可以從鎖骨下窩外側觀察到三角肌前端纖維的內緣。從鎖骨外側1/3處開始沿著三角肌前端纖維內緣來進行觸診。

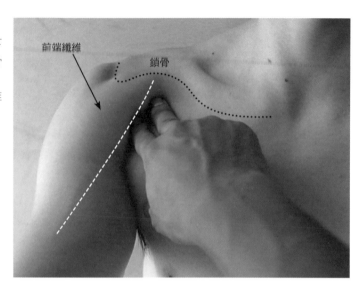

圖1-4　三角肌前端纖維的觸診②

進行觸診時，讓病患呈仰臥，肩關節呈90°外展位。診療者將手指放在病患的鎖骨外側1/3處或肩鎖關節部位，而肩關節則從90°外展位開始進行水平屈曲運動。三角肌前端纖維會隨運動而收縮，如此便能觸診其完整形狀。此時，讓肘關節呈屈曲位，使肱二頭肌不會參與水平屈曲運動。

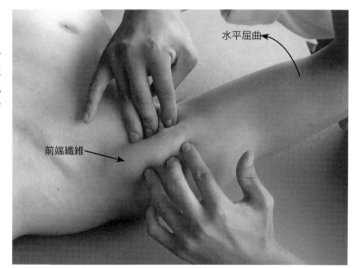

圖1-5　三角肌中間纖維的觸診①

觸診中間纖維的時候，要讓病患仰臥，而肩關節則呈下垂位。診療者將手指放在病患的肩鎖關節或肩峰角部位，並在病患的肩胛骨面進行外展運動。三角肌中間纖維會隨運動而收縮，如此便能觸診其完整形狀。

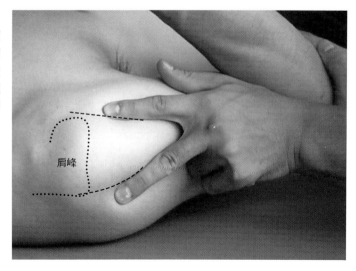

圖1-6　三角肌中間纖維的觸診②

要觸摸到三角肌中間纖維和前端纖維的肌肉間，診療者要將手指放在病患的肩鎖關節，從肩胛骨面反覆進行前方範圍的外展運動。藉此來提高中間纖維中部與前方部的肌肉活動，如此便能明顯區別三角肌中間纖維和前端纖維的肌肉間。

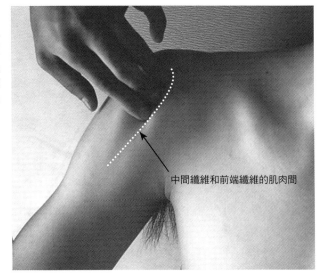

中間纖維和前端纖維的肌肉間

圖1-7　三角肌中間纖維的觸診③

針對三角肌中間纖維和後端纖維的肌肉間進行觸診時，要讓病患呈側臥。診療者將手指放在病患的肩峰角，接著從肩胛骨面反覆進行後方範圍的外展運動。藉此來提高中間纖維後方部位的肌肉活動，如此便能明顯區別三角肌中間纖維和後端纖維的肌肉間。

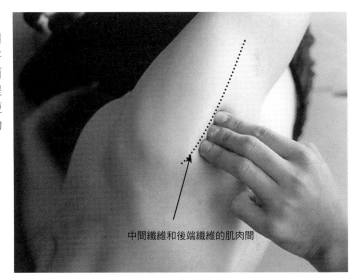

中間纖維和後端纖維的肌肉間

圖1-8　三角肌後端纖維的觸診①

要從肩關節下垂位觸診三角肌的後端纖維時，先讓病患呈俯臥，並反覆進行肩關節的伸展運動。診療者將手指放在病患肩胛骨棘下緣，如此便能觸診到三角肌後端纖維隨運動而收縮的狀態。

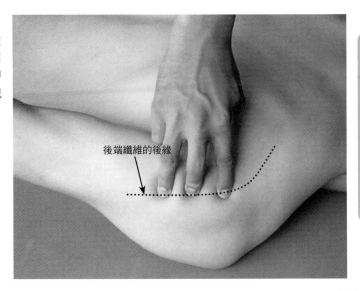

後端纖維的後緣

**Ⅳ
肌
肉**

圖1-9　三角肌後端纖維的觸診②

要從肩關節90°外展位觸診三角肌的後端纖維時，要先讓病患呈俯臥。讓病患從肩關節90°外展位開始反覆進行水平伸展運動。診療者將手指放在病患肩峰角和肩胛骨棘下緣，如此便能觸診到三角肌後端纖維隨運動而收縮的狀態。

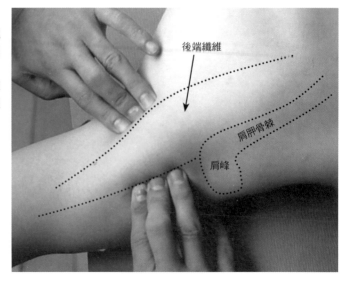

後端纖維

肩胛骨棘

肩峰

Skill Up

三角肌緊縮症
（deltoid contracture）

起因大多為病患於年幼時期多次在三角肌進行注射所致，其中，中間纖維是主要的病發部位。因為肩關節的外展緊縮，使上肢無法和身軀連接。如圖所示，肩胛骨隨上肢下垂，呈翼狀肩胛（winging scapula）的狀態（→）。

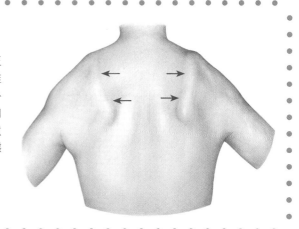

124

胸大肌 pectralis major muscle

解剖學上的特徵

- 胸大肌鎖骨纖維（clavicular fiber of pectralis major muscle）
  [起端] 鎖骨內側1/2的前方　　　　　　[止端] 肱骨大結節嵴
- 胸大肌胸肋部纖維（sternocostal fiber of pectralis major muscle）
  [起端] 胸骨膜、第二～第六肋軟骨　　　[止端] 肱骨大結節嵴
- 胸大肌腹部纖維（abdominal fiber of pectralis major muscle）
  [起端] 腹直肌鞘的最上部前葉　　　　　[止端] 肱骨大結節嵴
- [支配神經] 胸肌神經（C5～T1）
- 胸大肌的胸肋部纖維，大多分為胸骨部和肋骨部。

肌肉功能的特微

- 胸大肌鎖骨纖維

肩關節下垂位	→	屈曲和內旋
90°屈曲位	→	水平屈曲
90°外展位	→	水平屈曲

- 胸大肌胸肋部纖維

肩關節下垂位	→	內旋
90°屈曲位	→	伸展、內收、內旋
90°外展位	→	內收、內旋

- 胸大肌腹部纖維

肩關節下垂位	→	幾乎沒有功能
90°屈曲位	→	伸展
90°外展位	→	內收、內旋

臨床相關

- 在隨意性肩關節脫位的病例裡，骨頭前方脫位的主要原因為胸大肌過度收縮。
- 在肩關節緊縮的病例裡，如果胸大肌是造成限制的因素（制限因子），則必須注意在各個纖維群的影響下，受到限制的方向也會有所不同。
- 在肌腱訓練裡，進行肩胛下肌的強化時，會因胸大肌而容易產生代償性動作，必須特別注意。

相關疾病

隨意性肩關節脫位、肩關節緊縮等等。

IV 肌肉

圖1-10　胸大肌的走向
a. 鎖骨纖維

胸大肌鎖骨纖維起始於鎖骨內側1/2的位置，止於大結節嵴。如果將右手大結節嵴當作時鐘來表示進入方向的話，鎖骨纖維是從2點鐘方向止於大結節嵴。

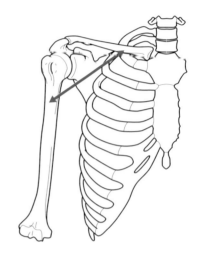

b. 胸肋部纖維

胸大肌胸肋部纖維起始於胸骨膜、第二～第六肋軟骨，止於大結節嵴。如果將右手大結節嵴當作時鐘來表示進入方向的話，胸骨柄的纖維是從2點半方向，胸骨體的纖維是3點鐘方向，第五、第六肋軟骨的纖維是從4點鐘方向止於大結節嵴。

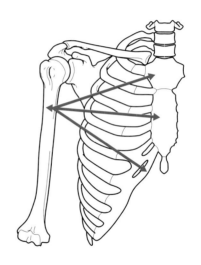

c. 腹部纖維

胸大肌腹部纖維起始於腹直肌鞘的最上部前葉，止於大結節嵴。如果將右手大結節嵴當作時鐘來表示進入方向的話，腹部纖維是從5點鐘方向止於大結節嵴。

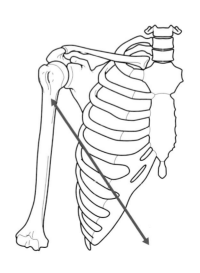

圖1-11 胸大肌止端的重疊構造

胸大肌分為鎖骨部、胸肋部、腹部，它們都各自止於大結節嵴。雖然每個進入大結節嵴的方向不同，卻會在起始於更遠側的纖維群上方依序重疊，並止於大結節嵴。

此照片由青木隆明博士所提供

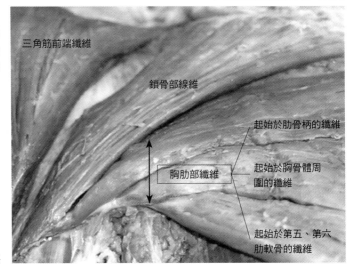

三角筋前端纖維

鎖骨部線維

胸肋部纖維

起始於肋骨柄的纖維

起始於胸骨體周圍的纖維

起始於第五、第六肋軟骨的纖維

圖1-12 胸大肌鎖骨纖維的觸診①

進行胸大肌鎖骨纖維的觸診時，要讓病患仰臥，而肩關節外展約40°，使鎖骨纖維的走向和肱骨一致，將此姿勢作為觸診起始位置。

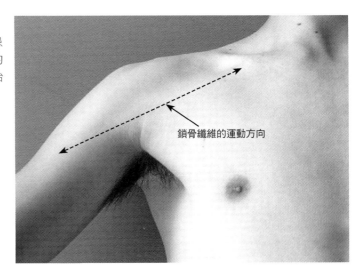

鎖骨纖維的運動方向

圖1-13 胸大肌鎖骨纖維的觸診②

從觸診起始位置開始，讓病患的肱骨一直線地往起端方向反覆進行屈曲和內收運動。胸大肌鎖骨纖維便會在運動過程中產生收縮，如此即可進行觸診。

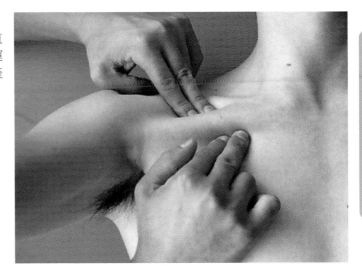

Ⅳ
肌肉

圖1-14　胸大肌胸肋部纖維的觸診①

進行胸大肌胸肋部纖維的觸診時，要讓病患呈仰臥。此圖顯示往胸骨柄延伸的纖維群，以及這些纖維群的觸診方向。讓病患的肩關節外展大約80°，使纖維群往胸骨柄延伸的走向和肱骨一致，此姿勢為觸診起始位置。

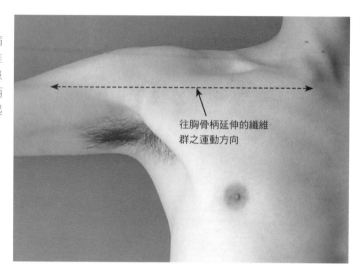

往胸骨柄延伸的纖維
群之運動方向

圖1-15　胸大肌胸肋部纖維的觸診②

從觸診起始位置開始，讓病患的肱骨一直線地往起端方向移動，並以稍微屈曲的方式反覆進行水平屈曲運動。當胸大肌胸肋部纖維隨運動而收縮時，觸診往胸骨柄延伸的纖維群，如此便能清楚確認其肌束的位置。

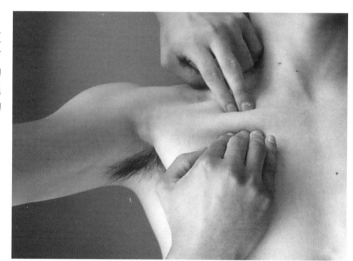

圖1-16　胸大肌胸肋部纖維的觸診③

進行胸大肌胸肋部纖維的觸診，要讓病患呈仰臥。此圖顯示往第五、第六肋軟骨延伸的纖維群，以及這些纖維群的觸診方向。讓病患的肩關節外展大約120°，使纖維群往肋軟骨延伸的走向和肱骨一致，此姿勢為觸診起始位置。

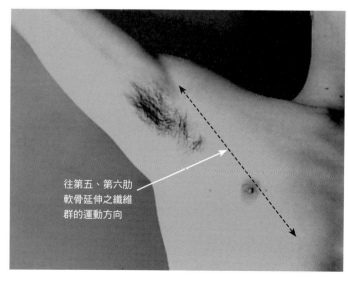

往第五、第六肋
軟骨延伸之纖維
群的運動方向

圖1-17　胸大肌胸肋部纖維的觸診④

從觸診起始位置開始，讓病患的肱骨一直線地往起端的方向移動，以稍微伸展的方式反覆進行水平屈曲運動。當胸大肌胸肋部纖維隨著運動而收縮時，對往第五、第六肋軟骨延伸的纖維群進行觸診，可以清楚確認其肌束的位置。

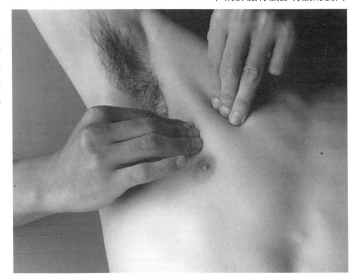

圖1-18　胸大肌腹部纖維的觸診①

進行胸大肌腹部纖維的觸診，要讓病患呈仰臥，而肩關節外展大約150°，使纖維群往腹直肌鞘的最上部前葉延伸的走向和肱骨一致，以此姿勢作為觸診起始位置。

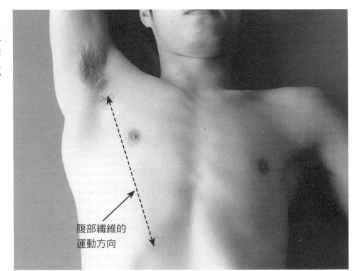

腹部纖維的
運動方向

圖1-19　胸大肌腹部纖維的觸診②

從觸診起始位置開始，讓病患的肱骨一直線地往起端方向移動，以稍微內收的方式反覆進行伸展運動。胸大肌腹部纖維會在運動過程中產生收縮，此時可對纖維進行觸診。由於其肌束非常小，而且是沿著肋軟骨部纖維的下方進行延伸，和其他肌束相比，較難分辨其位置，必須特別注意。

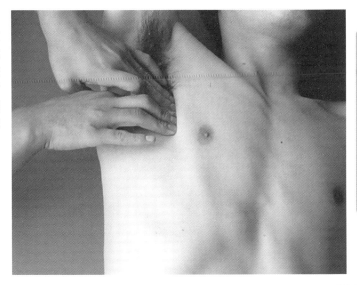

Ⅳ
肌肉

棘上肌 supraspinatus muscle

解剖學上的特徵

● **[起端]** 肩胛骨棘上窩

　[止端] 肱骨大結節上方的小面

　[支配神經] 肩胛上神經（C5、C6）

● 棘上肌是形成肌腱的四個肌群之一，而且在這些肌群之中，棘上肌是功能最重要的。

● 棘上肌和肩胛下肌之間有個裂隙，此裂隙稱為肌腱間隔。

● 在棘上肌的上方有肩峰下滑液囊，其能使棘上肌的滑動功能更加圓滑。

肌肉功能的特徵

● 棘上肌會作用於肩關節外展，但因為和骨頭中心的距離非常短，所以在外展力的作用方面並不強。

● 當肩關節以下垂位進行外展時，棘上肌會將骨頭拉進關節窩裡，並發揮支點形成力。一般認為，棘上肌的這項功能相當重要。

● 棘上肌在肩關節呈上舉位時，其起端和止端距離會很近，因此無法有效發揮支點形成力。這個支點形成的功能，要在其他肌腱群的協調之下才能作用。

臨床相關

● 肌腱斷裂時，在大部份情況下仍保有形體，棘上肌也是如此。若為肌腱完全斷裂的病例，要回復功能則有動手術的必要。

● 在肌腱炎或肩峰下滑液囊炎的重症病例裡，棘上肌收縮時會產生強烈的疼痛。必須注意的是，其上舉姿勢乍看之下會和肌腱斷裂病例的上舉姿勢相同。

● 棘上肌在和喙突肩峰韌帶或是和肩峰發生衝突、夾擊的病症時，將會成為形成肩峰下夾擠症候群和各種肩部運動傷害的最大原因 [參考p.133]。

相關疾病

● 肌腱受傷、肌腱炎、肩峰下夾擠症候群、肩關節不穩定、肩胛上神經麻痺等等。

圖1-20 棘上肌的走向

棘上肌會從肩胛骨棘上窩通過肩峰的下
方，並止於肱骨大結節上方的小面。當肩
關節外展時，棘上肌擁有將骨頭拉進關節
窩裡的功能。

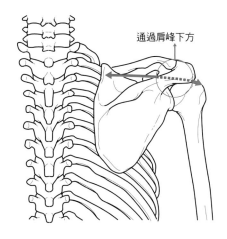

通過肩峰下方

圖1-21 從上方觀看棘上肌的走向

棘上肌通過了肩峰、喙突肩峰韌帶的下
方，並往大結節的上面延伸。棘上肌和肩
胛下肌之間稱為肌腱間隔，肱二頭肌長頭
肌腱會通過並補強這個部位。

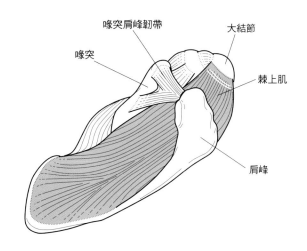

喙突肩峰韌帶　大結節

喙突

棘上肌

肩峰

取自文獻1）

圖1-22 棘上肌和三角肌的力偶作用

肩關節以下垂位進行外展運動時，要藉著
棘上肌的支點形成力，再加上三角肌所形
成的強力旋轉力矩來完成。像這樣，藉由
二條以上的肌肉協力來完成一個運動，就
稱為力偶作用（force couple）。

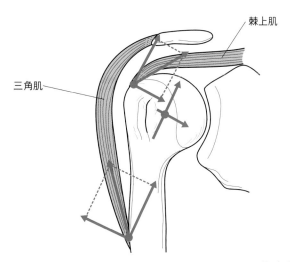

棘上肌

三角肌

取自文獻2）

Ⅳ
肌
肉

圖1-23　棘上肌的觸診（肌腹區域）①
進行棘上肌的觸診時，先讓病患側臥。診
療者用手掌輕輕壓迫病患上背部，掌握肩
胛骨棘的位置。

圖1-24　棘上肌的觸診（肌腹區域）②
診療者將手指放在病患肩胛骨棘的上緣，
在肩胛骨面上進行範圍大約20°～30°的外
展運動。這時開始觸診棘上肌收縮。在反
覆進行外展運動時，病患不需要做抵抗，
過度的抵抗會引發斜方肌中間纖維的代償
性收縮，反而使觸診變得困難。

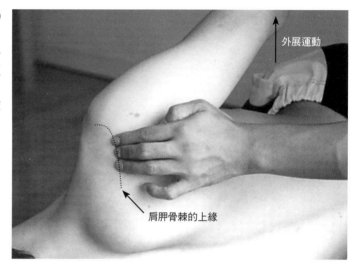

外展運動

肩胛骨棘的上緣

圖1-25　棘上肌的觸診（止端區域）①
進行棘上肌止端的觸診時，也是讓病患呈
側臥。診療者將手指放在病患大結節上方
小面稍微前方的位置，讓病患肩關節內收
到橫向切過背部的程度。藉由這個動作，
便能觸診到棘上肌的前方纖維從肩峰下被
拉引出來的情況。此外，如果再以這個姿
勢讓肩關節外展的話，便可以確認棘上肌
前方纖維的收縮。

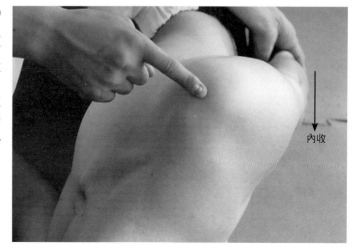

內收

圖1-26　棘上肌的觸診（止端區域）②

要從止端觸摸棘上肌的後方部位，診療者將手指放在病患大結節上方小面稍微後方的位置，讓病患肩關節內收到橫向切過背部的程度。藉由這個動作，便能觸診到棘上肌的後纖維從肩峰下被拉引出來的情況。此外，再以這個姿勢讓肩關節外展的話，便可以確認棘上肌後方纖維的收縮。

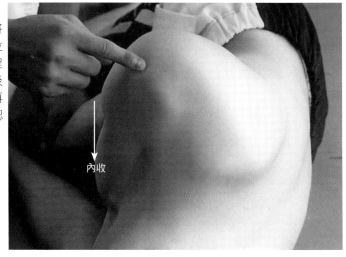

內收

Skill Up

肩峰下夾擠症候群

棘上肌會延伸至肩峰、喙突肩峰韌帶的下方，所以很容易因肩關節外展而出現衝突或夾擊，引發肩峰下夾擠症候群。是棒球、游泳、排球等多種運動的障礙之一。

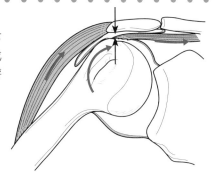

用來確認肩峰下夾擠症候群的代表性徒手檢查

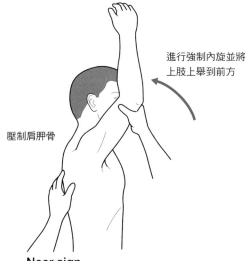

進行強制內旋並將
上肢上舉到前方

壓制肩胛骨

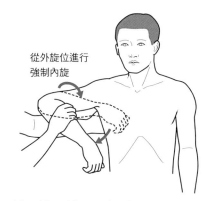

從外旋位進行
強制內旋

Neer sign

固定病患的肩胛骨並抑制肩胛骨進行向上旋轉。接著，強制肩關節進行內旋並將上肢上舉至前方。此時，若出現咯咯聲響或感到疼痛，便為陽性。

Hawkins-Kennedy sign

固定病患的肩胛骨並抑制肩胛骨進行向上旋轉，讓病患的肩關節呈90°外展外旋位並施加強制內旋。此時，若出現咯咯聲或是感到疼痛，便為陽性。

取自文獻3）

棘下肌 infraspinatus muscle

解剖學上的特徵

● **[起端]** 肩胛骨棘下窩

[止端] 肱骨大結節中小面

[支配神經] 肩胛上神經（C5、C6）

● 棘下肌是形成肌腱的四個肌群之一。

● 棘下肌的上方纖維在止端，和棘上肌互相連接而延伸，補強了肩關節的上方部份。

肌肉功能的特徵

● 因為棘下肌跨越了肩關節運動軸的上下方，所以在功能上可以分為上方纖維群和下方纖維群。

● 當肩關節呈下垂位時，棘下肌會全體作用在肩關節外旋運動，但上方纖維群的肌肉活動比較高一點。

● 當肩關節以90°外展位做外旋運動時，下方纖維群的肌肉活動程度會比其他肌肉大。

● 當肩關節呈90°屈曲位時，只有棘下肌下方的纖維群會收縮，因此幾乎看不出棘下肌隨著外旋運動而收縮。

● 當肩關節呈90°屈曲位時，棘下肌可以說是作為水平伸展肌來發揮功用。

臨床相關

● 當肌腱斷裂時，範圍從棘上肌一直到棘下肌的斷裂就稱為嚴重斷裂，而手術大多要因應斷裂的情況來進行。

● 排球扣球選手身上經常發生棘下肌單獨萎縮。關於萎縮的原因，目前有二種說法：一種是因為肩胛上神經壓迫；而另一種則是過度強制內旋而導致的部分肌肉斷裂。

● 在肩關節不穩定的病例裡，針對明顯後方不穩定的病例來說，必須以棘下肌為中心來對後方肌腱進行強化，這點相當重要。

相關疾病

肌腱受傷、棘下肌單獨萎縮、肩關節不穩定、肩胛上神經麻痺等等。

圖1-27　棘下肌的走向

棘下肌起始於肩胛骨棘下窩，止於肱骨大結節後方的小面。因為棘下肌止端肌腱的寬度很廣，所以棘下肌能用肩關節運動軸分為上方纖維和下方纖維。基本上，棘下肌是作用於外旋，但其肌肉活動會因為肩關節位置而受到很大的影響。

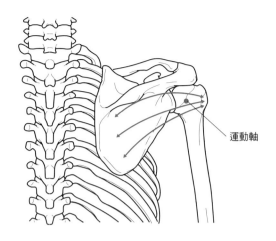

運動軸

圖1-28　棘下肌和棘上肌的止端部份解剖

棘上肌和棘下肌的上方纖維群會在止端處將各自的纖維群連結起來，共同強化上方的支持功能。

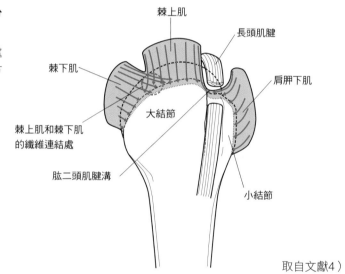

棘上肌

長頭肌腱

棘下肌

肩胛下肌

棘上肌和棘下肌的纖維連結處

大結節

肱二頭肌腱溝

小結節

取自文獻4）

圖1-29　在外展位所進行的外旋運動

肩關節外展位所進行的外旋主要由棘下肌的下方纖維群所作用，而棘下肌的上方纖維群則會藉由外展而舒緩外旋運動。而且，上方纖維群會因應肱骨的停止位而進行相對的變化。因此，上方纖維群的拖曳力量主要為水平伸展。

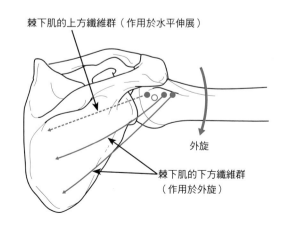

棘下肌的上方纖維群（作用於水平伸展）

外旋

棘下肌的下方纖維群（作用於外旋）

Ⅳ
肌肉

圖1-30　棘下肌的單獨萎縮病例

在排球比賽裡的扣球選手身上，有時會出現像圖中箭頭所指的棘下肌單獨萎縮。一般認為，造成萎縮的原因是進攻時特有的肩關節運動所造成的部分肌肉斷裂或是肩胛上神經壓迫等原因所致。

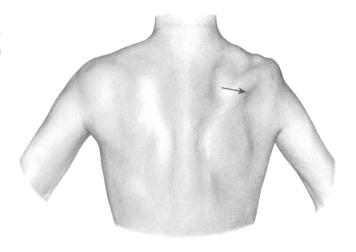

圖1-31　棘下肌的觸診

對棘下肌進行觸診時，要讓病患俯臥。為了將棘下肌分為上方纖維群和下方纖維群並了解其功能，首先要確認肩胛骨下角和肩胛骨棘的位置。

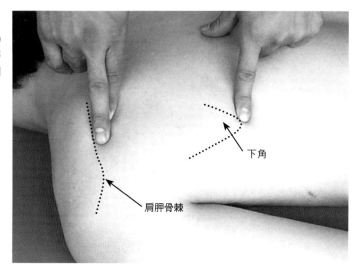

下角

肩胛骨棘

圖1-32　棘下肌的觸診 （肩關節下垂位）

診療者將手指放在肩胛骨棘下緣遠側和下角近側這二個地方，讓病患的肩關節維持在下垂位並反覆進行外旋運動。在運動的過程中，診療者的兩邊手指都會感覺到肌肉收縮，如此便能獲知肩胛骨棘附近的纖維群的收縮強度較強。

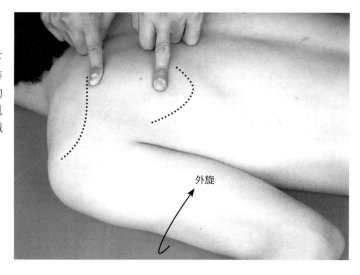

外旋

圖1-33　棘下肌的觸診
（肩關節90°外展位）

診療者將手指放在肩胛骨棘下緣遠側和下角近側這二個地方，讓病患的肩關節改為在90°外展位反覆進行外旋運動。在運動的過程中，診療者的兩邊手指都會感覺到肌肉的收縮，如此便能獲知下角附近的纖維群的收縮強度較強。

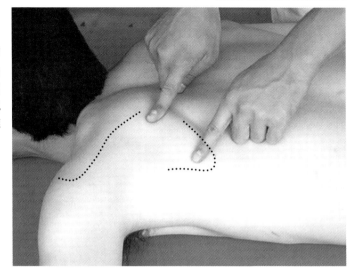

圖1-34　棘下肌的觸診
（肩關節90°屈曲位）

當肩關節在90°屈曲位進行外旋運動時，棘下肌的收縮強度比較弱。即使如此，診療者仍能觸診到最下方纖維群的收縮情況。在這樣的肢體位置，可以感覺到小圓肌的收縮強度比較強，也可以針對棘下肌和小圓肌之間的裂隙位置進行確認。

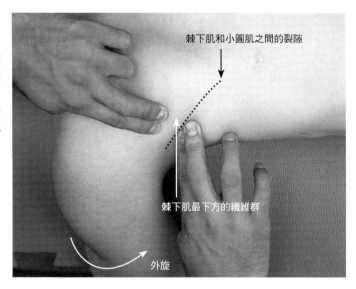

棘下肌和小圓肌之間的裂隙

棘下肌最下方的纖維群

外旋

Ⅳ
肌肉

137

小圓肌 teres minor muscle

解剖學上的特徵

● **[起端]** 肩胛骨外側緣近側2/3處

[止端] 肱骨大結節下方的小面

[支配神經] 腋神經（C5、C6）

● 小圓肌是形成肌腱的四個肌群之一。

● 小圓肌在關節囊位置的纖維群，會直接附著在關節囊的後下方。

肌肉功能的特徵

● 在肩關節呈上舉位時，小圓肌能使骨頭擁有穩定性，並能作用於肩關節90°屈曲位的外旋。

● 小圓肌在肩關節外旋時，能防止後關節囊夾擊，並能在肩關節呈上舉位時，使關節囊的緊繃狀態升高以支撐骨骼。

臨床相關

● throwing shoulder常有小圓肌產生強烈壓痛、痙攣的病例，這是肩膀後方部位發生疼痛的主要原因之一。

● 報告指出，當棘下肌損傷時，小圓肌會為了替補棘下肌功能而產生代償性肥大。

相關疾病

肩關節周圍炎、throwing shoulder、肌腱受傷、腋神經麻痺等等。

圖1-35 小圓肌的走向

小圓肌起於肩胛骨外側緣近側2/3處，止於肱骨大結節下方的小面。當肩關節呈90°屈曲位時，小圓肌在外旋運動上會有很強的作用。

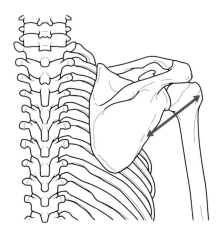

圖1-36 小圓肌深層纖維的功能

小圓肌深層纖維的功能是，在肩關節外旋時能防止後關節囊夾擊（a）；在肩關節上舉時能使下方關節囊的緊繃狀態升高，以輔助骨頭的穩定性（b）。

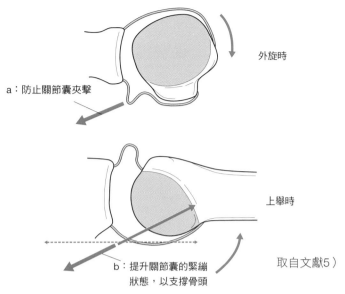

外旋時

a：防止關節囊夾擊

上舉時

b：提升關節囊的緊繃狀態，以支撐骨頭

取自文獻5）

圖1-37 小圓肌的觸診①

對小圓肌進行觸診，一開始要讓病患仰臥，肩關節呈90°屈曲位。以這個姿勢讓病患反覆做肩關節的外旋運動，針對小圓肌的收縮進行觸診。

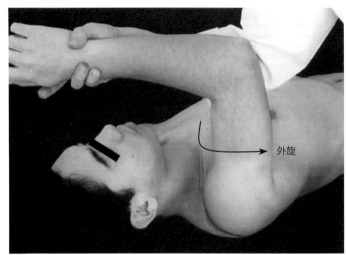

外旋

圖1-38 小圓肌的觸診②

診療者將手指放在病患肩胛骨外側緣的近側。在進行外旋運動的過程中，針對小圓肌的收縮進行觸診。若再以這個姿勢進行內旋運動，便會增加大圓肌的收縮，因此必須進行交互旋轉，並對小圓肌和大圓肌之間的裂隙進行觸診（圖中診療者正在觸診大圓肌和小圓肌之間的裂隙）。

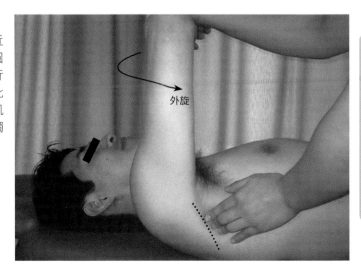

外旋

IV 肌肉

大圓肌 teres major muscle

解剖學上的特徵

- **[起端]** 肩胛骨下角的後側面
  [止端] 肱骨小結節嵴
  [支配神經] 下肩胛下神經（C5、C6）
- 大圓肌和闊背肌從肩胛骨下角開始到遠側的走向都相當一致，因此在觸診時必須仔細分辨。

肌肉功能的特徵

- 當肩關節呈90°屈曲位時，大圓肌作用於內旋和伸展。
- 當肩關節呈90°外展位時，大圓肌作用於內旋和內收。

臨床相關

- 在肩關節周圍炎的許多病例裡，會出現大圓肌發生強烈壓痛、痙攣的情況，此情況會成為可動範圍受到限制的原因。

相關疾病

肩關節周圍炎、throwing shoulder、肩胛下神經麻痺等等。

圖1-39　大圓肌的走向

大圓肌起始於肩胛骨下角的後側面，止於
小結節嵴。當肩關節呈90°屈曲位時，大圓
肌在內旋運動上會有很大的作用。

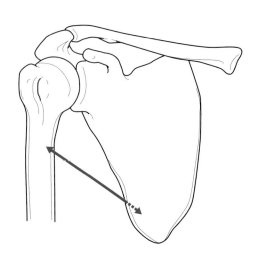

圖1-40　在下角部位附近的大圓肌和闊背肌（右側）

闊背肌會集中於下角附近，接著回到大圓肌前方，然後和大圓肌一起止於小結節嵴。下角是分辨這兩條肌肉的重點部位，在觸診時要特別注意。

照片是由青木隆明博士所提供。

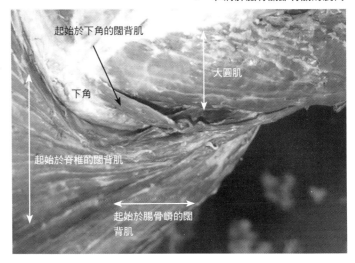

起始於下角的闊背肌

大圓肌

下角

起始於脊椎的闊背肌

起始於腸骨嵴的闊背肌

圖1-41　大圓肌的觸診①

進行大圓肌的觸診時，一開始要讓病患仰臥，肩關節呈90°屈曲位。以此姿勢讓病患反覆進行肩關節內旋運動，同時對大圓肌的收縮進行觸診。

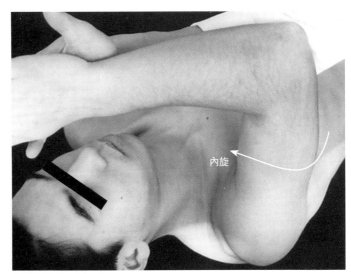

內旋

圖1-42　大圓肌的觸診②

診療者將手指放在病患肩胛骨的下角尖端。在進行內旋運動的過程中，要針對大圓肌的收縮進行觸診。下角是分辨闊背肌和大圓肌的重要部位，此圖中，診療者正在確認大圓肌和闊背肌之間的裂隙並進行觸診。

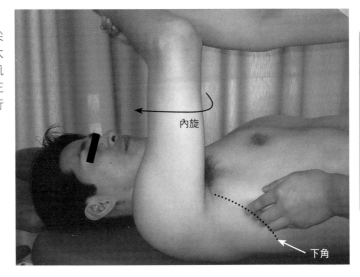

內旋

下角

IV
肌肉

141

肩胛下肌 subscapularis muscle

解剖學上的特徵

● **[起端]** 肩胛骨肋面的肩胛下窩
　[止端] 肱骨小結節
　[支配神經] 肩胛下神經（C5、C6）
● 肩胛下肌是形成肌腱的四個肌群之一，也是肌群之中唯一能支撐前方的肌肉。
● 肩胛下肌裡有數個肌內腱，肩胛下肌以這些肌內腱為中心呈現羽狀肌的形態。
● 肩胛下肌的深層纖維是直接附著在肩關節囊。

肌肉功能的特徵

● 因為肩胛下肌跨越了肩關節運動軸的上下方，所以在功能上可以分為上方纖維群和下方纖維群。
● 當肩關節呈下垂位時，肩胛下肌會全體作用於肩關節內旋運動，但上方纖維群的肌肉活動程度較大。
● 當肩關節以90°外展位進行內旋運動時，下方纖維群會出現程度很大的肌肉活動。
● 當肩關節呈90°屈曲位時，肩胛下肌呈現鬆弛的狀態，而使肩胛下肌活動度降低。

臨床相關

● 針對肩關節出現前方不穩定的病例，強化肩胛下肌是保存療法的第一選擇。
● 在肩胛下肌的肌力測試裡，lift off test是相當簡單又有用的方法。
● 將肩胛下肌腱縫合起來的Putti-Platt法，是針對肩關節復發性脫位[參考p.147]所進行的重建術之一。
● 在肩關節出現外旋限制的病例裡，肩胛下肌是造成限制的主要原因之一。

相關疾病

肌腱受傷、肩關節復發性脫位、throwing shoulder、肩關節緊縮等等。

圖1-43　肩胛下肌的走向

肩胛下肌起始於肩胛骨肋面的肩胛下窩，止於肱骨小結節。是肩關節的強力內旋肌，並作為肌腱而關係到肩關節的前方穩定性。

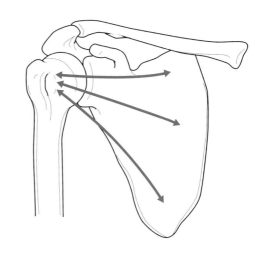

圖1-44　肩胛下肌的構造

在肩胛下肌之中存在著好幾個肌內腱（→），肩胛下肌以這些肌內腱為中心呈現羽狀肌的形態。在醫學上認為，這些肌束會對應肩關節所有的肢體位置而產生變化，並關係到前方的穩定性。

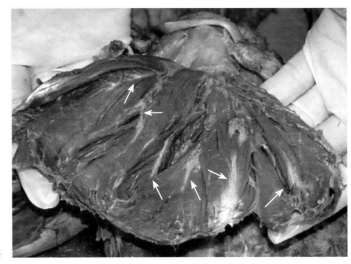

這張照片是由青木隆明博士所提供

圖1-45　肩胛下肌在各種肩關節位置中的功能

肩關節呈下垂位時，因為通過運動軸下方的纖維群肌肉是鬆弛狀態，因此內旋作用會減弱。另一方面，通過運動軸上方的纖維群肌肉是呈現拉緊的狀態，因此能有效地作用於內旋運動。當肩關節呈外展位時，上、下方纖維群的情況則完全相反。

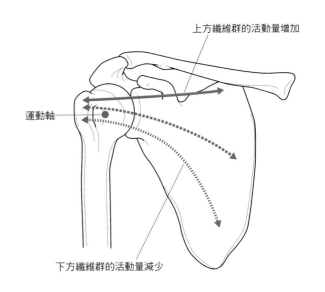

上方纖維群的活動量增加

運動軸

下方纖維群的活動量減少

IV　肌肉

圖1-46　肩胛下肌的肌力測試（lift off test）

胸大肌這個強力的內旋肌會參與肩關節進行內旋時的肌力，因此很難知道肩胛下肌的原有肌力。若要大致得知肩胛下肌的肌力，lift off test 是個有效的方法。

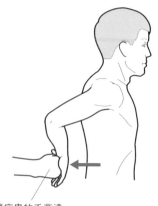

讓病患的手背遠離背部，藉此檢查肌力。

圖1-47　肩胛下肌的觸診（止端部位）①

對肩胛下肌進行觸診時，先讓病患仰臥。若要觸摸到肩胛下肌的止端部位，首先得尋找肱二頭肌長頭肌腱的外側緣，並往近側方向移動，確認結節間溝的位置。

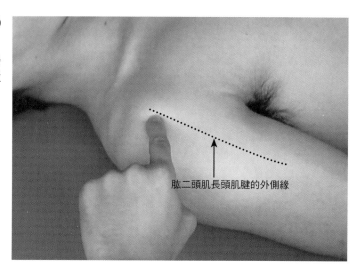

肱二頭肌長頭肌腱的外側緣

圖1-48　肩胛下肌的觸診（止端部位）②

如果觸摸到結節間溝，便將病患的肩關節外旋至極限位置，在小結節完全通過手指下方的狀態進行觸診。

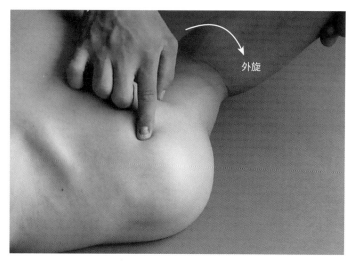

外旋

圖1-49　肩胛下肌的觸診（止端部位）③

當小結節通過手指下方時，便能觸摸到作為肌腱的肩胛下肌腱。此時，如果將手指往骨頭的中心輕輕壓迫，手指就會觸診到被肩胛下肌腱本身的彈力給反彈回來的感覺。

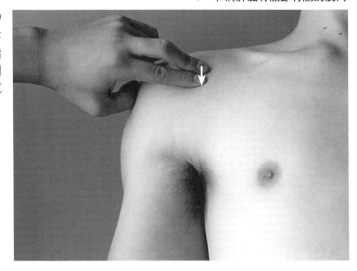

圖1-50　肩胛下肌的觸診（止端部位）④

接著要用二根手指進行觸診，手指沿著病患的肱骨長軸停在小結節的前面。此時，若以輕度等張性收縮進行肩關節內旋運動，則位於近側的手指便會強烈感受到肩胛下肌的張力。

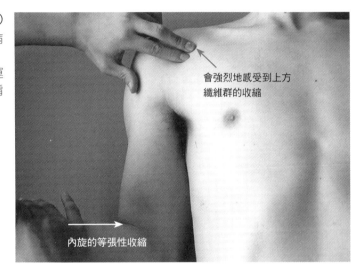

會強烈地感受到上方纖維群的收縮

內旋的等張性收縮

圖1-51　肩胛下肌的觸診（止端部位）⑤

接著，手指位置不改變，繼續放在小結節的前面，讓病患的肩關節做90°外展。此時，若以輕度等張性收縮進行肩關節內旋運動，則位於遠側的手指會強烈地感受到肩胛下肌的張力。

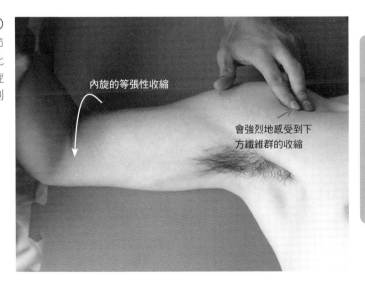

內旋的等張性收縮

會強烈地感受到下方纖維群的收縮

Ⅳ 肌肉

圖1-52　肩胛下肌的觸診（肌腹）①
要觸診肩胛下肌的肌腹部位，首先得讓病
患仰臥，並讓肩關節外展到極限位置，將
肩胛骨拉引到外側。

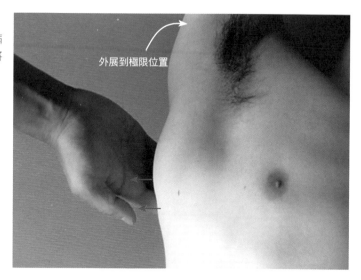

外展到極限位置

圖1-53　肩胛下肌的觸診（肌腹）②
診療者要一邊用手指包覆住病患的大圓
肌、闊背肌，一邊用指尖往肩胛下窩深處
深深地往下壓。接著，若是進行肩關節內
旋運動，便能感覺到肩胛下肌下方纖維群
所產生的強烈收縮。

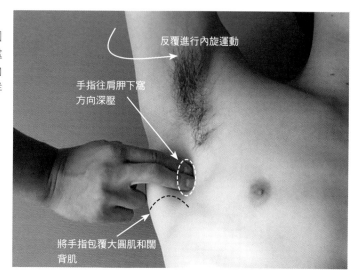

反覆進行內旋運動

手指往肩胛下窩
方向深壓

將手指包覆大圓肌和闊
背肌

圖1-54　肩胛下肌的觸診（肌腹）③
診療者的手指繼續觸摸著肩胛下肌，病患
也繼續進行肩關節內旋運動。接著，再慢
慢地讓肩關節進行內收。隨著外展角度減
少，就能觸診到下方纖維群的收縮強度逐
漸減弱。

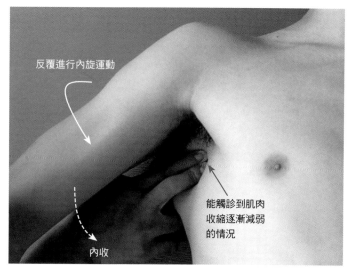

反覆進行內旋運動

能觸診到肌肉
收縮逐漸減弱
的情況

內收

Skill Up

肩關節復發性脫位

肩關節不穩定分為因創傷所產生的不穩定以及非外傷的不穩定。在肩關節進行強制外展、外旋而造成前下方脫臼時，若沒有進行完整治療而產生了不穩定的症狀，便稱為肩關節復發性脫位（半脫位），這種疾病通常會存在著前下方部位的盂唇受損 (Bankart lesion)、MGHL、AIGHL鬆弛。強制進行肩關節外展、外旋時，如果有強烈脫臼感，就是Apprehension test的陽性反應。至於另一種非外傷的不穩定則稱為肩關節習慣性脫位（半脫位），其又分為不隨意性（involuntary）和隨意性（voluntary）二種。

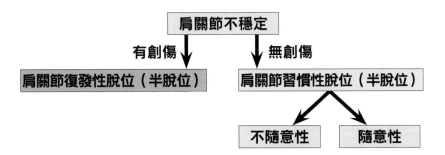

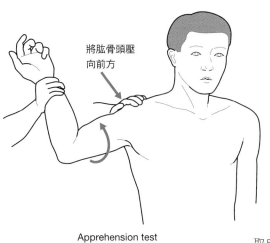

將肱骨頭壓向前方

Apprehension test

取自文獻3）

IV 肌肉

147

闊背肌 latissimus dorsi muscle

解剖學上的特徵

●[起端] ①下方的六個胸椎棘突・腰椎棘突

　　　　②腸骨嵴外唇

　　　　③下方肋骨

　　　　④肩胛骨下角

[止端] 肱骨小結節嵴

[支配神經] 胸背神經（C5、C6）

●闊背肌原先是歸類為身體背部的肌肉，但和上肢運動有所關聯。

●起始於肩胛骨下角的闊背肌，在肱骨部位就像是要包住大圓肌似地移至大圓肌前方，並停止於肱骨小結節嵴。

肌肉功能的特徵

●闊背肌的功能為作用於肩關節的伸展、內旋。但是當肩關節呈下垂位時，肌肉整體是呈現鬆弛的狀態，因此功能會降低。

●在做出上舉上肢的動作時，闊背肌會強力作用於伸展內旋。

●當肩關節呈90°外展位時，闊背肌會作用於內收、內旋。

●當肩關節呈90°屈曲位時，闊背肌會作用於伸展、內旋。

●在上肢被固定的情況下，闊背肌主要是進行骨盆上提的作用（push up動作）。

●在上肢被固定的情況下，起始於肋骨的纖維群會提起胸腔而參與吸氣的動作。

臨床相關

●在脊髓損傷的病例裡，以闊背肌為主要動作肌而產生的push up動作的程度，會直接決定脊髓轉移能力。現今的徒手肌力檢查（manual muscle testing；MMT），是以push up動作為檢查重點，此外也會加上闊背肌的肌力測試。

●在throwing shoulder的肩膀後方部位會感到疼痛的病例裡，有一部份是下角附近出現闊背肌挫傷的情況。

相關疾病

脊髓損傷、throwing shoulder、肩關節緊縮等等。

※譯注：腸骨嵴(iliac crest)

　　　　Ilium及Iliac有多種譯名，本書以普遍使用的譯名為主(腸骨)，以利資訊交流。

圖1-55　闊背肌的走向

闊背肌的起端大致區分為四個：下方胸椎以下的棘突、腸骨嵴、下方肋骨、肩胛骨下角，這些起端都往下角外側聚集，並止於肱骨小結節嵴。

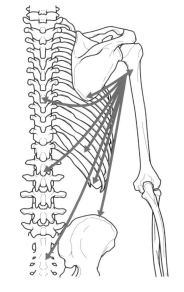

圖1-56　闊背肌在腋窩部位的走向

在腋窩周圍的闊背肌，就彷彿是要將大圓肌包住那樣地移至大圓肌的前方，並停在大圓肌前方的小結節嵴上。從前方觀察上肢上舉時，闊背肌會比大圓肌位在更表層的位置，要特別注意。

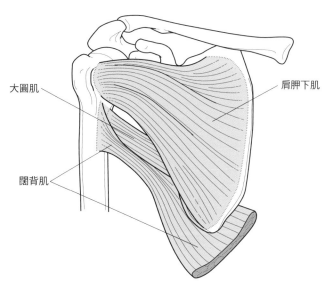

大圓肌

肩胛下肌

闊背肌

圖1-57　闊背肌在進行push up動作時的作用

push up動作是指「在上肢固定的狀態下活動闊背肌」。為闊背肌起端的骨盆、腰椎會因此被向上拉起。若要讓脊髓損傷的病人能自行活動，這是最重要而且最應該要實行的一個動作。

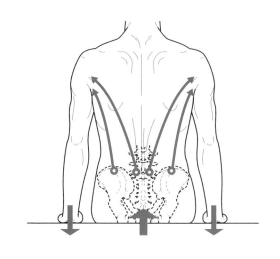

圖1-58 闊背肌的觸診①

讓病患仰臥且肩關節屈曲約150°，以這個姿勢作為觸診起始位置。以肩胛骨下角為界線，闊背肌和大圓肌的走向會開始一致，因此要確實地觸診肩胛骨下角尖端的位置。

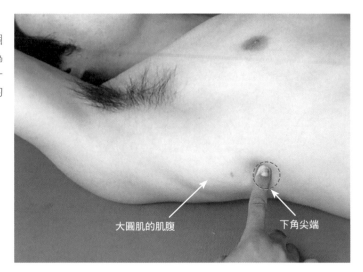

大圓肌的肌腹　　　　　下角尖端

圖1-59 闊背肌的觸診②

診療者將手指放在病患的肩胛骨下角尖端，讓病患以輕度等張性收縮進行肩關節的伸展和內旋運動。大圓肌的遠側部位會隨著運動而隆起成圓形，此時可對大圓肌遠側和闊背肌之間的肌肉間隙進行觸診。

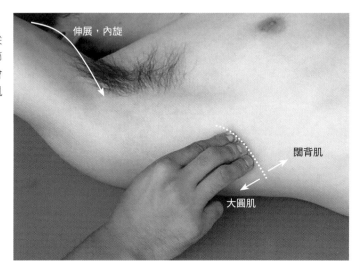

伸展，內旋

闊背肌

大圓肌

圖1-60 闊背肌的觸診③

確認了大圓肌和闊背肌的肌肉間隙位置之後，診療者將手指往前下方移動約二根手指的寬度，對闊背肌的下緣進行觸診，並將位在下角附近的闊背肌之寬度一起觸診出來。

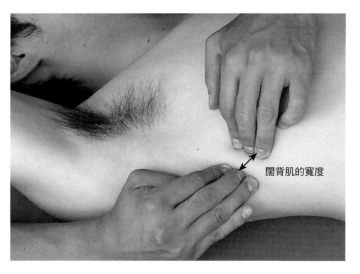

闊背肌的寬度

圖1-61 闊背肌的觸診④

確認了闊背肌的下緣位置之後，就讓病患反覆進行肩關節的伸展和內旋運動。往腸骨嵴的方向觸診其收縮，很容易就能知道在上肢的上舉角度變大時，闊背肌會增加伸展。

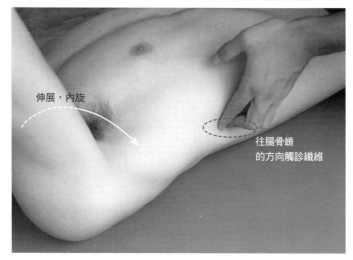

伸展，內旋

往腸骨嵴的方向觸診纖維

與闊背肌有關的throwing shoulder

與闊背肌有關的throwing shoulder大致分為二種，其中一種的起因為闊背肌痙攣所導致的姿勢不標準（像肘下垂等等），並因而產生肌腱間隔受損或是肩峰下夾擠症候群，信原將這種情況稱為「闊背肌症候群」。而另一種則是因為肩關節後下方部位的tightness（緊縮度）以及肩胛骨上方旋轉和外旋過度，導致肩胛骨下角firiction(摩擦)而產生的「闊背肌挫傷」。在這二種原因裡，前者是肩關節部位會感到疼痛，而後者則是背部會感到疼痛。

闊背肌症候群

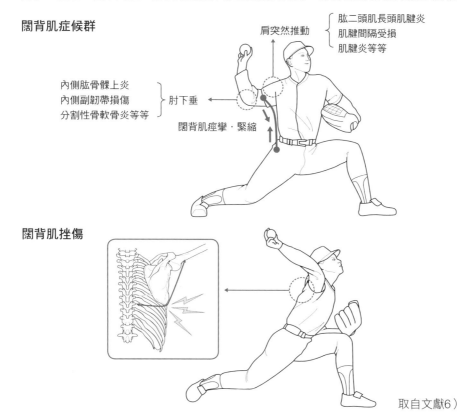

肩突然推動

肱二頭肌長頭肌腱炎
肌腱間隔受損
肌腱炎等等

內側肱骨髁上炎
內側副韌帶損傷
分割性骨軟骨炎等等

肘下垂

闊背肌痙攣‧緊縮

闊背肌挫傷

取自文獻6）

喙肱肌 coracobrachialis muscle

解剖學上的特徵

● [起端] 喙突
  [止端] 肱骨骨幹部內側緣中段
  [支配神經] 肌皮神經（C6、C7）
● 喙肱肌的近側部位會和肱二頭肌短頭肌腱進行癒合，以聯合腱（conjoint tendon）的方式附著在喙突。
● 肌皮神經貫穿了喙肱肌的肌腹。
● 肌皮神經貫穿喙肱肌分布於肱二頭肌和肱肌，之後，便形成前臂外側皮神經，掌管肘窩到前臂外側的知覺。

肌肉功能的特徵

● 當肩關節呈下垂位時，喙肱肌會作用於屈曲。
● 當肩關節呈外展90°時，喙肱肌會作用於內收。
● 當肩關節到達屈曲極限位置時，喙肱肌會作用於伸展。

臨床相關

● 當病患沒有骨傷而喙突附近卻感到疼痛的話，便要考慮可能是喙突發生了著骨點發炎。此時必須分辨引發疼痛的組織是與「附著在上方的韌帶」有關或是與「附著在下方的肌肉」有關。
● 在做綁帶子的動作時，若是從手肘到前臂外側有疼痛的症狀，便可能是喙肱肌的神經發生絞扼。
● 在進行肩關節復發性脫位的手術時，一般大多採用「移動喙肱肌和肱二頭肌短頭肌腱，以求得穩定性」的手術（Bristow法、Boychev法[參考p.155]）。

相關疾病

喙突炎、肩關節周圍炎、肩關節復發性脫位進行重建手術、肌皮神經麻痺等等。

圖1-62　喙肱肌的走向

喙肱肌起始於喙突，止於肱骨骨幹部中央內側。當肩關節呈下垂位時，會作用於屈曲。當肩關節呈外展90°時，則作用於內收。當肩關節到達屈曲極限位置時，會作用於伸展。

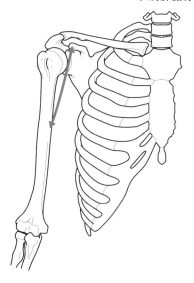

圖1-63　喙肱肌和肌皮神經之間的關係

肌皮神經貫穿喙肱肌的肌腹之後便會分布於肱二頭肌和肱肌，接著再成為前臂外側皮神經，掌管前臂外側的知覺。肌皮神經麻痺是對肩關節復發性脫位進行Boychev法（讓肱二頭肌短頭和喙肱肌，通過肩胛下肌下方之後，再次固定於喙突的手術）之後所產生的併發症之一，而起因在於喙肱肌和肌皮神經在解剖學上的關係。

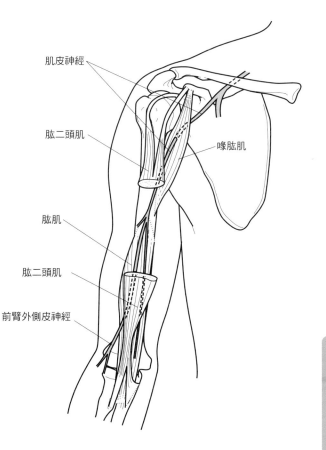

肌皮神經

肱二頭肌

喙肱肌

肱肌

肱二頭肌

前臂外側皮神經

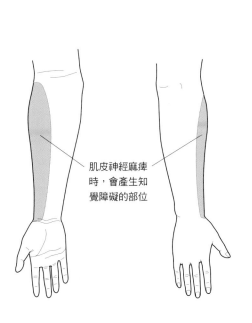

肌皮神經麻痺時，會產生知覺障礙的部位

圖1-64 喙肱肌的觸診①

觸診喙肱肌時，要讓病患仰臥而肩關節外展約80°，以此姿勢作為觸診起始位置。為了排除肱二頭肌的參與，要讓肘關節完全屈曲。

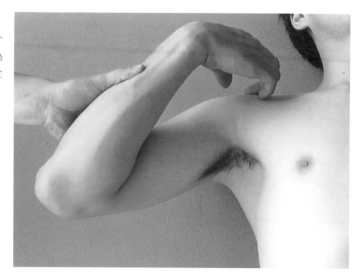

圖1-65 喙肱肌的觸診②

將手指放在上臂中央內側的肱二頭肌短頭和肱三頭肌長頭之間，觸診肱動脈的脈動。

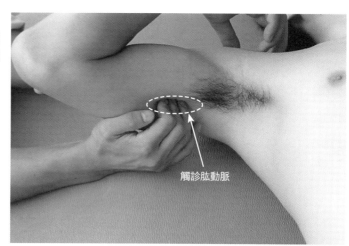

觸診肱動脈

圖1-66 喙肱肌的觸診③

手指沿著肱動脈的脈動往腋窩前進。接著，手指從上方繞過肱動脈並進入上臂的內側深處。

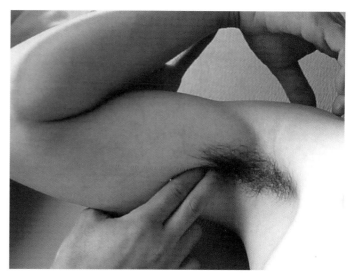

圖1-67　喙肱肌的觸診④

然後，讓病患以等張性收縮的方式反覆進行內收運動，喙肱肌就會隨著運動而收縮，如此便能對喙肱肌進行觸診。手指順著收縮方向往近側移動，就能移動到喙突的位置。

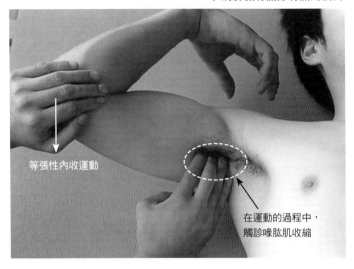

等張性內收運動

在運動的過程中，觸診喙肱肌收縮

Skill Up

針對肩關節復發性脫位所進行的手術

肩關節復發性脫位所能進行的手術種類相當多，將各個報告進行比對，其實再次脫臼的機率並沒有差多少。在手術中，有利用喙肱肌來進行重建手術的Bristow法和Boychev法，此兩方法皆為先將喙肱肌、肱二頭肌短頭和喙突一併進行切離。Bristow法是將切離的骨片移植到肩關節前下方部，而Boychev法則是將骨片穿過肩胛下肌下方之後，再次接合於喙突。

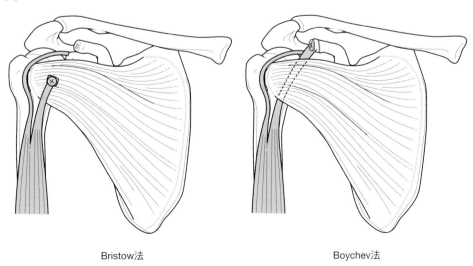

Bristow法　　　　　　　　　　　　　Boychev法

IV 肌肉

155

斜方肌 trapezius muscle

解剖學上的特徵

● 斜方肌上端纖維（upper fiber of trapezius muscle）

　[起端] 枕外粗隆、項韌帶　　　[止端] 鎖骨外側1/3的後緣

● 斜方肌中間纖維（middle fiber of trapezius muscle）

　[起端] 第一～第六胸椎棘突　　　[止端] 肩峰內側、肩胛骨棘上緣

● 斜方肌下方纖維（lower fiber of trapezius muscle）

　[起端] 第七～第十二胸椎棘突　[止端] 肩胛骨棘三角部位

● [支配神經] 副神經、頸神經（C2～C4）

● 斜方肌上端纖維位於鎖骨外側1/3的位置，和三角肌前端纖維是互相牽引的關係。

● 當肩關節外展約90°時，斜方肌中間纖維會介於肩峰、肩胛骨棘之間，並和三角肌中間纖維以及後端纖維呈現互相牽引的關係。

● 當肩關節呈現起始位置（zero position）的姿勢時，斜方肌下方纖維會位於肩胛骨的位置，並和三角肌前端纖維、中間纖維以及後端纖維呈現互相牽引的關係。

肌肉功能的特徵

● 斜方肌上端纖維能使鎖骨肩峰端及肩胛骨進行上舉，也能作用於肩胛骨向上旋轉。

● 斜方肌中間纖維能夠作用於肩胛骨內收及肩胛骨向上旋轉。

● 斜方肌下方纖維能夠作用於肩胛骨下壓及肩胛骨向上旋轉。

● 肩胛骨在上肢上舉過程中所進行的向上旋轉，是由斜方肌的三個纖維群以及前鋸肌之間的聯合動作所構成。

臨床相關

● 一旦發生副神經麻痺，肩胛骨就會因為斜方肌而失去穩定性，因而會出現翼狀肩胛。長胸神經麻痺時，則會出現前鋸肌不全及翼狀肩胛的現象，因此分辨出這二種神經麻痺差異是相當重要的。

● 副神經麻痺所產生的翼狀肩胛，當肩關節外展時會明顯呈現；而長胸神經麻痺所產生的翼狀肩胛，則會在肩關節屈曲時明顯呈現。

● 在胸廓出口症候群的牽拉型病例裡，斜方肌的中間纖維、下方纖維經常出現肌力下降的情況。

● 在throwing shoulder的病例裡，會因為斜方肌的肌力下降而使得肩胸關節功能下降。以此為基礎，還會產生肩峰下夾擠症候群或是腋神經障礙等疾病，所以必須特別注意。

相關疾病

副神經麻痺、胸廓出口症候群、throwing shoulder、肩關節不穩定等等。

圖2-1　斜方肌的走向

a. 上端纖維

斜方肌上端纖維起始於枕外粗隆、項韌帶，止於鎖骨外側1/3後緣。作用於肩胛骨上舉和上方旋轉。

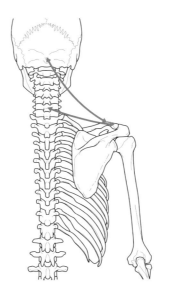

b. 中間纖維

斜方肌中間纖維起始於T1～T6的棘突，止於肩峰內側、肩胛骨棘上緣。作用於肩胛骨內收和上方旋轉。

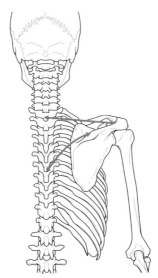

c. 下方纖維

斜方肌下方纖維起始於T7～T12的棘突，止於肩胛骨的基底（棘三角部位）。作用於肩胛骨下壓和上方旋轉。

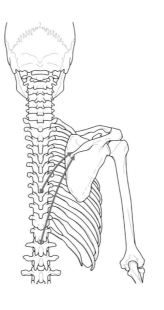

IV
肌
肉

圖2-2 斜方肌和三角肌之間的關係

a. 斜方肌上端纖維和三角肌前端纖維

斜方肌上端纖維和三角肌前端纖維之間，是以鎖骨為中心而互相牽引。斜方肌上端纖維可以說是，作為提高三角肌前端纖維收縮效率的固定肌。

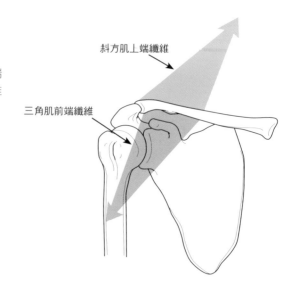

斜方肌上端纖維

三角肌前端纖維

b. 斜方肌中間纖維和三角肌中間纖維、後端纖維

當肩關節呈90°外展位時，斜方肌中間纖維、三角肌中間纖維和後端纖維之間是以肩峰和肩胛骨棘為中心進行互相牽引。斜方肌中間纖維可以說是，作為提高三角肌中間纖維、後端纖維收縮效率的固定肌。

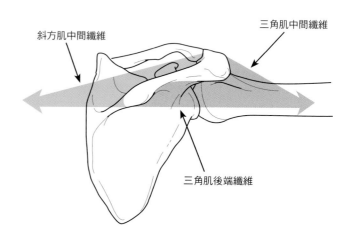

斜方肌中間纖維

三角肌中間纖維

三角肌後端纖維

c. 斜方肌下方纖維和三角肌

當肩關節呈起始位置時，斜方肌下方纖維和三角肌之間是以肩胛骨為中心而互相牽引。斜方肌下方纖維可以說是，在肩關節呈上舉時用來提高三角肌收縮效率的固定肌。

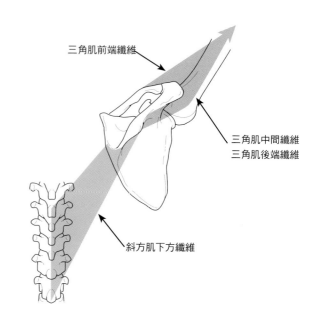

三角肌前端纖維

三角肌中間纖維
三角肌後端纖維

斜方肌下方纖維

圖2-3　斜方肌上端纖維的觸診①

進行斜方肌上端纖維的觸診時，要讓病患呈坐位，肩關節稍微屈曲，以此姿勢進行肩關節屈曲運動，同時要讓病患對運動產生抵抗。

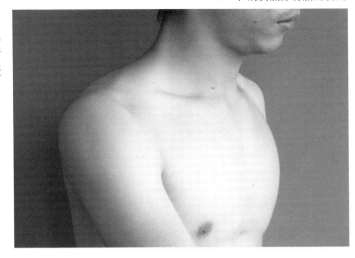

圖2-4　斜方肌上端纖維的觸診②

若加強對屈曲運動的抵抗，使三角肌前端纖維的活動量增加，則作為三角肌前端纖維固定肌的斜方肌上端纖維，就會以等比例增加收縮，而且三角肌的活動量也會等比例增加。就在此時，觸診肌肉的收縮。

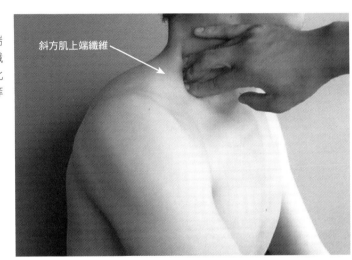

斜方肌上端纖維

圖2-5　斜方肌中間纖維的觸診①

進行斜方肌中間纖維的觸診時，要讓病患俯臥，肩關節外展約90°。以此姿勢反覆進行肩關節水平伸展運動。

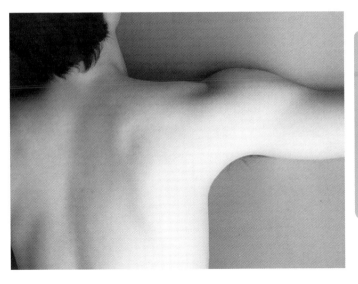

Ⅳ
肌肉

159

圖2-6　斜方肌中間纖維的觸診②

讓病患加強對水平伸展運動的抵抗，會導
致三角肌後端纖維和中間纖維的收縮增
加，而作為這兩條肌肉固定肌的斜方肌中
間纖維的收縮也會增加。此時，對斜方肌
中間纖維的收縮進行觸診。

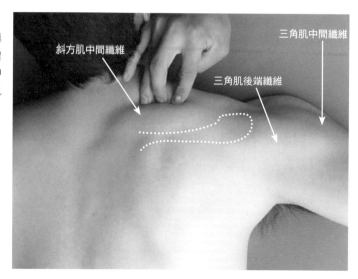

斜方肌中間纖維
三角肌中間纖維
三角肌後端纖維

圖2-7　斜方肌下方纖維的觸診①

進行斜方肌下方纖維的觸診時，要讓病患
俯臥，肩關節要移動至起始位置。以此姿
勢反覆進行肩關節屈曲運動，並且加強屈
曲的程度。

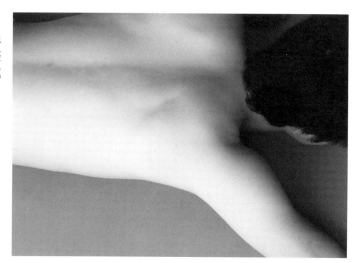

圖2-8　斜方肌下方纖維的觸診②

若以肩關節起始位置來加強屈曲運動的程
度，整條三角肌就必須進行強力的收縮。
於是，作為三角肌固定肌的斜方肌下方纖
維便會產生收縮，此時要對斜方肌下方纖
維的收縮進行觸診。在視覺上也能夠很明
顯的認出斜方肌下方纖維。

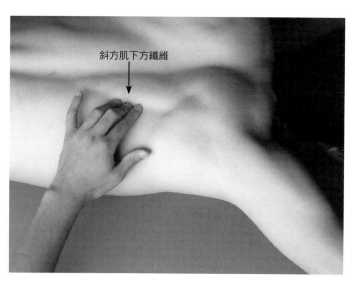

斜方肌下方纖維

菱形肌 romboid muscle

解剖學上的特徵

● **大菱形肌（romboid major muscle）**

　[起端]第二～第五胸椎棘突　　　　[止端] 從肩胛骨棘三角開始到下角範圍的內側緣

● **小菱形肌（romboid minor muscle）**

　[起端] 第七頸椎棘突、第一胸椎棘突　[止端] 構成肩胛骨棘三角底邊的內側緣

● [支配神經] 肩胛後神經（C5）

肌肉功能的特微

● 菱形肌主要是作用於肩胛骨內收，也會和提肩胛肌、胸小肌共同參與肩胛骨的向下旋轉。

● 菱形肌會和前鋸肌共同使肩胛骨內側緣保持在胸腔位置。

臨床相關

● 在胸廓出口症侯群的牽拉型病例裡，將肩胛骨固定於胸腔的菱形肌、斜方肌中間纖維經常會受到影響，而使得固定功能下降，這和疼痛的發生有相當大的關係。

相關疾病

● 胸廓出口症侯群、肩關節不穩定、肩關節周圍炎等等。

圖2-9　大菱形肌的走向

大菱形肌起始於T2～T5棘突，止於從肩胛骨棘三角開始到下角範圍的內側緣，作用於肩胛骨的內收和向下旋轉。

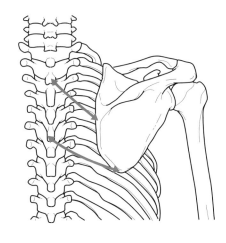

Ⅳ
肌
肉

圖2-10　小菱形肌的走向

小菱形肌起始於C7、T1棘突,止於構成肩
胛骨棘三角底邊的內側緣。作用於肩胛骨
的內收和向下旋轉,而且會稍微作用於上
舉。

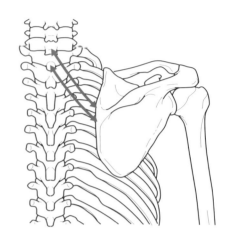

圖2-11　菱形肌和前鋸肌的聯合功能

菱形肌和前鋸肌會共同使肩胛骨內側緣保
持在胸腔位置上。四足動物的肩胛骨的固
定方式就像被前鋸肌吊起來一樣。

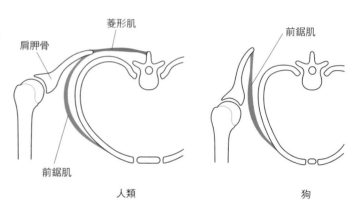

圖2-12　菱形肌的觸診①

菱形肌位於斜方肌中間纖維的深層,所以
斜方肌中間纖維一旦參與了肩胛骨內收運
動的話,要對菱形肌進行觸診就變得很困
難。因此,進行菱形肌的觸診時,要讓病
患的肩關節伸展、內收、內旋,使肩胛骨
向下旋轉之後又引發肩胛骨內收運動,如
此便能順利地進行菱形肌的觸診了。

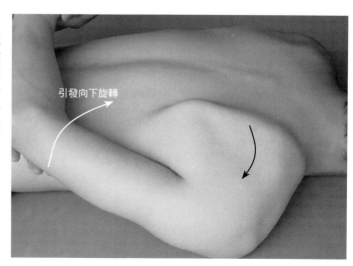

圖2-13　菱形肌的觸診②

進行大菱形肌的觸診時，讓病患呈俯臥。
診療者要將手指放在肩胛骨下角，使肩胛
骨向下旋轉並進行肩胛骨內收運動。在運
動過程中，手指要往內側上方移動，如此
便能對大菱形肌的下緣進行觸診。

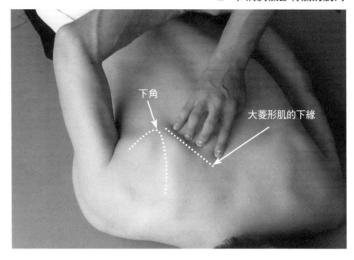

下角

大菱形肌的下緣

圖2-14　觸診大菱形肌和小菱形肌的裂隙

診療者將手指放在病患的肩胛骨棘三角部
位，並去引發肩胛骨向下旋轉，接著再引
發肩胛骨內收運動。在運動過程中，大、
小菱形肌會產生收縮。在對大、小菱形肌
的裂隙進行觸診時要仔細。

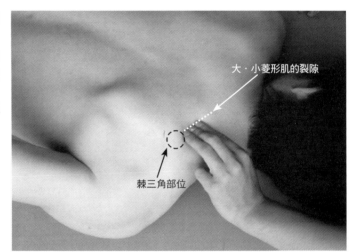

大・小菱形肌的裂隙

棘三角部位

圖2-15　小菱形肌的觸診

對小菱形肌進行觸診時，也是要讓病患呈
俯臥的姿勢。診療者的手指從棘三角位置
往上角方向移動1根手指寬的距離，引發肩
胛骨向下旋轉並且進行肩胛骨內收運動。
在運動過程中，手指要往內側上方移動，
如此就能觸診到小菱形肌的上緣。

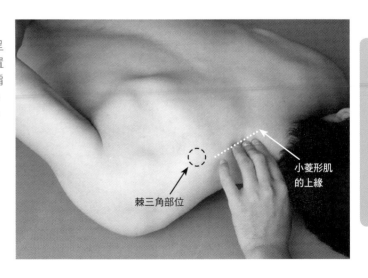

IV
肌肉

小菱形肌
的上緣

棘三角部位

提肩胛肌 levator scapula muscle

解剖學上的特徵

● **[起端]** 第一～第四頸椎橫突

　[止端] 肩胛骨上角的內側緣

　[支配神經] 肩胛後神經（C5）

肌肉功能的特徵

● 主要是作用於肩胛骨上舉，並和菱形肌、胸小肌共同參與肩胛骨向下旋轉。

● 在固定肩胛骨的狀態下，當兩側提肩胛肌同時作用的時候，便會對頸部的伸展造成作用。當只有其中一側的提肩胛肌產生作用時，則會對頸部的側屈曲以及同一側的旋轉運動造成影響。

臨床相關

● 發生肩部的纖維肌痛（肩膀酸痛）時，提肩胛肌會出現明顯的肌肉節瘤，這和肩胛後神經的絞扼（emtrapment）有很大的關聯。

● 提肩胛肌發生過度痙攣時，會使肩胛骨進行向下旋轉、上舉時有卡住的情況，並經常引起次發性肩盂肱骨關節不穩定，或是和肱神經叢有關的症狀。

相關疾病

胸廓出口症候群、肩關節不穩定、肩結合織炎、肩關節周圍炎等等。

圖2-16　提肩胛肌的走向

提肩胛肌起始於C1～C4橫突，止於肩胛骨上角的內側緣，作用於肩胛骨的上舉和向下旋轉。

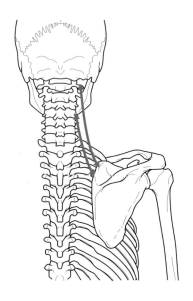

圖2-17　肩胛骨下方迴旋肌群

肩胛骨的向下旋轉運動是在提肩胛肌
（①）、小菱形肌（②）、大菱形肌
（③）、胸小肌（④）的聯合作用下產生
的。

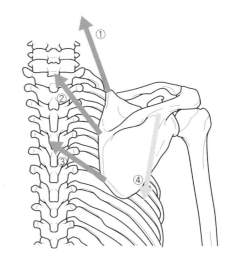

圖2-18　肩胛後神經的走向、絞縊和肩肌肉之間的關係

肩胛後神經從C5神經根分歧之後，會通過
提肩胛肌、小菱形肌、大菱形肌的深部，
並支配著各個肌肉。而明顯的肌肉痙攣，
會使肩胛後神經絞縊，並引發肩胛骨內側
的悶痛。

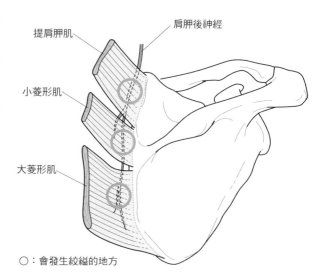

提肩胛肌　　　　　　　肩胛後神經
小菱形肌
大菱形肌

○：會發生絞縊的地方

圖2-19　提肩胛肌的觸診①

進行提肩胛肌的觸診時，要讓病患俯臥，
而頸部則要往與觸診側的相反方向進行旋
轉，以此姿勢作為觸診起始位置。提肩胛
肌位於斜方肌上端纖維的深層部位，故一
旦斜方肌上端纖維參與了肩胛骨上舉運
動，提肩胛肌便不容易觸診到。因此，在
進行提肩胛肌的觸診時，要讓病患的肩關
節伸展、內收、內旋，引發肩胛骨向下旋
轉之後再進行肩胛骨上舉運動，如此就能
順利進行提肩胛肌的觸診。

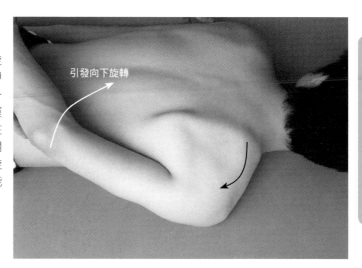

引發向下旋轉

IV
肌
肉

165

圖2-20　提肩胛肌的觸診②

診療者將手指放在病患肩胛骨上角，在引發肩胛骨向下旋轉之後，再進行肩胛骨上舉運動。在運動過程中，提肩胛肌會往內側上方移動，如此就能觸診到提肩胛肌。

圖2-21　藉由伸展來進行提肩胛肌的觸診①

藉由伸展來進行提肩胛肌的觸診時，要讓病患側臥，頸部稍微屈曲並往和觸診側相反的方向進行側屈曲，肩關節屈曲至90°，以此姿勢作為觸診起始位置。

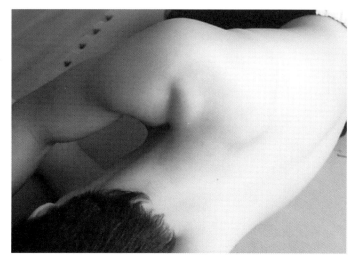

圖2-22　藉由伸展來進行提肩胛肌的觸診②

診療者將其中一隻手的手指放在病患寰椎橫突稍微遠側的地方，而另一隻手的手指將病患的肩胛骨上角往遠側方向直線地向下拉，如此就能明顯觀察到提肩胛肌產生舒緩。

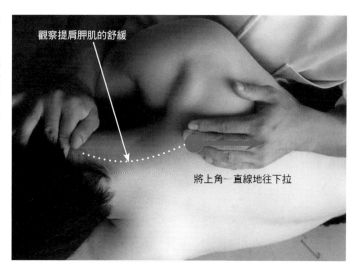

觀察提肩胛肌的舒緩

將上角 直線地往下拉

胸小肌 pectralis minor muscle

解剖學上的特徵

● **[起端]**第二～第五肋骨前方

　[止端] 肩胛骨的喙突

　[支配神經] 胸肌神經（C5～T1）

● 胸小肌連結了喙突和胸腔，看起來就像是屋頂。而鎖骨下動脈、鎖骨下靜脈、肱神經叢會通過胸小肌的深部。

肌肉功能的特微

● 將喙突拉向前方，肩胛骨下角會產生遠離胸腔（肩胛骨前傾）的運動。

● 胸小肌會和提肩胛肌、菱形肌共同作用於肩胛骨向下旋轉。

● 在肩胛骨被固定住的情況下，胸小肌會提起胸腔來輔助呼吸。

臨床相關

● 當胸小肌直接引起從肩膀到上肢部位的疼痛時，這種病症稱為胸小肌症候群。

● 胸小肌症候群大多屬於胸廓出口症侯群裡的一種病症。當上肢外展時，會明顯發現胸小肌症候群的症狀，因此別名為過外展症候群。

● 胸小肌症候群在胸小肌會有明顯的壓痛和輻射痛。和斜角肌症候群、肋鎖骨症候群做區別時，這是個重要特徵。

● 對乳癌進行廣範圍的乳房切除術時，因為胸小肌也會被切除，所以有時會因為手術後肩胛骨的不穩定而造成二次的肩關節障礙。

● 在肩關節不穩定裡，胸小肌、提肩胛肌等肌肉痙攣會使病患形成不良的姿勢，有時還會因此造成次發性肩盂肱骨關節不穩定，所以必須特別注意。

相關疾病

胸小肌症候群、胸廓出口症侯群、肩關節不穩定、廣範圍乳房切除術等等。

IV
肌
肉

圖2-23　胸小肌的走向

胸小肌起始於第二～第五肋骨前方，止於肩胛骨喙突。胸小肌能將喙突拉向前方，使喙突前傾。而在肩胛骨被固定住的情況下，胸小肌會提起胸腔來輔助呼吸。

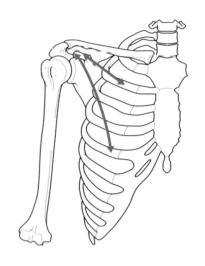

圖2-24　胸小肌症候群的病症

在胸小肌的深部會有鎖骨下動脈、鎖骨下靜脈、肱神經叢通過。胸小肌症候群也稱為過外展症候群，其特徵為上肢上舉時從肩膀到上肢會有疼痛感。醫學上認為，當胸小肌呈痙攣狀態時，隨著上肢的上舉，神經和血管會受到強力壓迫，疼痛因此產生。

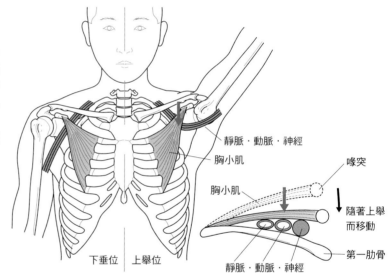

靜脈・動脈・神經

胸小肌

喙突

胸小肌

隨著上舉而移動

第一肋骨

下垂位　上舉位

靜脈・動脈・神經

圖2-25　胸小肌的觸診①

進行胸小肌的觸診時，要讓病患呈坐位，肩關節進行伸展、內收、內旋運動，病患的手背能接觸到背部，以此為觸診起始位置。

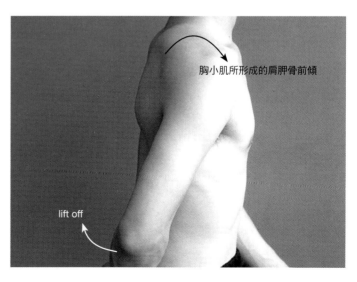

胸小肌所形成的肩胛骨前傾

lift off

圖2-26 胸小肌的觸診②

確認喙突的位置之後，診療者將手指放在病患喙突基底的下緣。喙突外側會有肱二頭肌短頭和喙肱肌附著，因此重點是手指要確實摸到喙突基底。

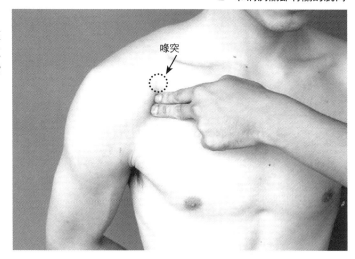

圖2-27 胸小肌的觸診③

病患這時要一邊使肩胛骨前傾，一邊反覆做手背離開背部（lift off運動）的運動。胸小肌會在運動過程中產生收縮，此時可往第五肋骨的方向觸診胸小肌的外側緣。

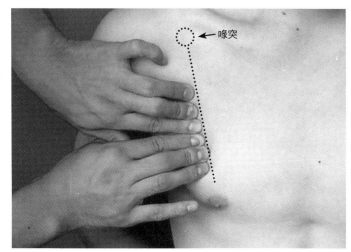

圖2-28 胸小肌的觸診④

以同樣的步驟往第二肋骨的方向觸診胸小肌的外側緣。觸診的技巧在於運動不要一直持續做下去。在運動一次後，要讓肌肉得到完全鬆弛，如此很容易便能找到胸小肌的位置。

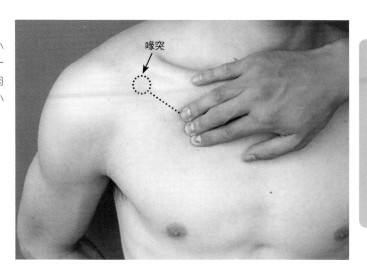

IV
肌
肉

169

前鋸肌 serratus anterior muscle

解剖學上的特徵

● **[起端]** 第一～第九對肋骨外側面

[止端] 肩胛骨肋面的整個內側緣

[支配神經] 長胸神經（C5～C7）

● 前鋸肌有一部份起始於第二肋骨的纖維，會和起始於第一肋骨的纖維共同止於肩胛骨上角。

● 前鋸肌有一部份起始於第二肋骨的纖維，會和起始於第三肋骨的纖維群共同止於肩胛骨下角的內側緣。

● 前鋸肌起始於第四肋骨和第九肋骨的纖維，最後集中止於肩胛骨下角。

肌肉功能的特徵

● 前鋸肌是唯一和肩胛骨外展有關的肌肉。

● 附著在上角的纖維群，會參與外展及向下旋轉。

● 附著在上角以外的纖維群，會參與外展及向上旋轉。

● 從水平面方向來看胸前肌的功能，能看到胸前肌和斜方肌一起將肩胛骨內側緣拉往胸腔，使肩胛骨內側緣得到穩定。

● 前鋸肌會和斜方肌一起作用於肩胛骨向上旋轉，是條很重要的肌肉。

臨床相關

● 在臨床方面由前鋸肌所形成的疾病裡，隨著長胸神經麻痺而產生的翼狀肩胛（winging scapula）是相當有名的。作為所有肩關節運動基礎的肩胛骨，其穩定性出現破綻時會造成嚴重的障礙。

● 當病患得到長胸神經麻痺時，若要確認前鋸肌的功能，必須使用肩關節屈曲運動來做確認。在進行外展運動時，有時會因為斜方肌代償而能夠做出上舉的動作。

● 從後方觀察肩關節下垂位時，若是看到肩胛骨內側緣浮現在胸腔上，便有前鋸肌機能發生障礙的可能。

相關疾病

長胸神經麻痺、胸廓出口症侯群、肩關節不穩定等等。

※譯注：長胸神經又稱胸長神經，英文為long thoracic nerve

170

圖2-29　前鋸肌的走向

前鋸肌起始於第一～第九肋骨側面，止於肩胛骨肋面的整個內側緣，是唯一能讓肩胛骨外展的肌肉。附著在上角的纖維會作用於向下旋轉，而其他纖維則是作用於向上旋轉。

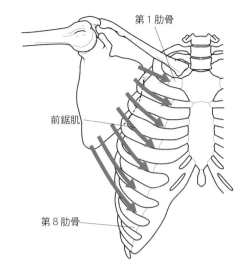

第1肋骨

前鋸肌

第8肋骨

圖2-30　前鋸肌的胸腔固定作用

從水平面方向來看前鋸肌的功能時，其作用方向為將肩胛骨內側緣拉往前方外側，這時候的力量可區分為「將內側緣固定於胸腔的力量」以及「外展的力量」。

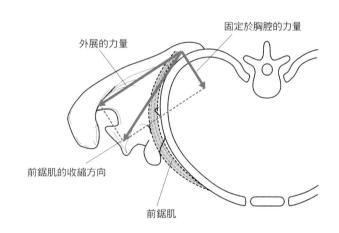

固定於胸腔的力量

外展的力量

前鋸肌的收縮方向

前鋸肌

圖2-31　關係到肩胛骨向上旋轉的肌群

隨著上肢上舉而進行的肩胛骨向上旋轉，是在斜方肌上端纖維（①）、中間纖維（②）、下方纖維（③）和前鋸肌（④）的聯合作用下所完成的。

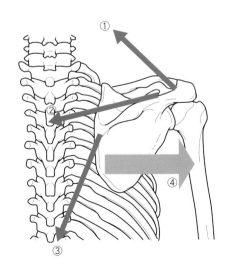

IV
肌肉

171

圖2-32　長胸神經麻痺而產生的翼狀肩胛

此圖顯示因長胸神經麻痺而產生的翼狀肩胛。可以看到肩胛骨內側緣浮現在胸腔上的狀態。在進行肩關節外展時，有時會因為斜方肌代償而能做出上舉動作，這一點必須注意。

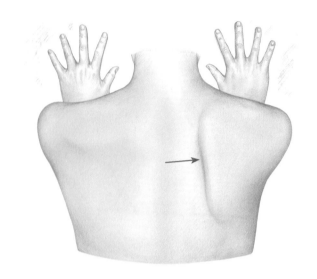

圖2-33　前鋸肌的觸診①

進行前鋸肌的觸診時，病患要呈坐位，肩關節要屈曲至90°，並藉由肩胛骨外展做出上肢向前推出的動作。

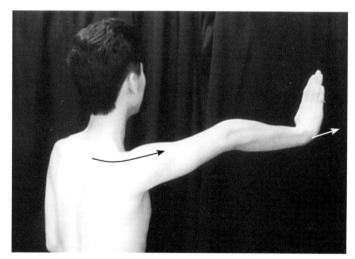

圖2-34　前鋸肌的觸診②

由於肩胛骨下角位於第五、六肋骨的區域，因此以肩胛骨下角為目標，將手指放在相同區域的肋骨側面。讓病患做出上肢向外推出的動作，此時對前鋸肌進行觸診。

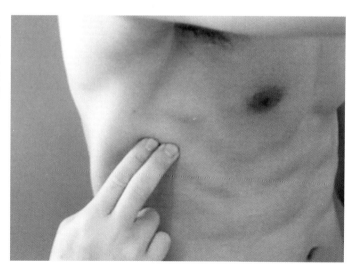

圖2-35　前鋸肌的觸診③

附著在上肋骨的前鋸肌，診療者的手指可從闊背肌和胸腔之間滑入。若診療者將手指置於上肋骨側面，則很容易就能知道前鋸肌的位置。讓病患做出上肢向外推出的動作，對前鋸肌進行觸診。

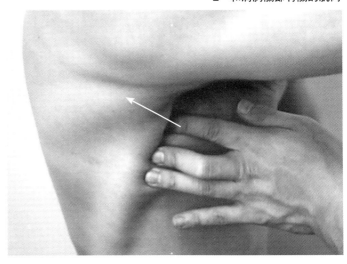

圖2-36　前鋸肌的觸診④

在病患做出上肢向外推出的動作時，附著在下肋骨的前鋸肌會稍稍移向上方，十分容易便能獲知其位置。在下肋骨側面稍微前方處，進行前鋸肌的觸診。

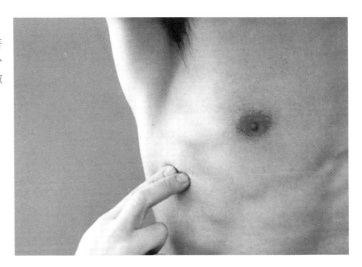

IV
肌
肉

肱二頭肌 biceps brachii muscle

解剖學上的特徵

● **肱二頭肌長頭**（biceps brachii long head）

  [起端] 肩胛骨上肩盂結節、上盂唇處　　[止端] 橈隆起、前臂屈肌腱膜

● **肱二頭肌短頭**（biceps brachii short head）

  [起端] 肩胛骨喙突　　[止端] 橈隆起、前臂屈肌腱膜

● **[支配神經]** 肌皮神經（C5、C6）

● 肱二頭肌長頭肌腱通過了結節間溝之後，進入了關節內。

● 長頭肌腱進入了關節內之後，在喙突肱骨韌帶下方的棘上肌和肩胛下肌之間（肌腱間隔）延伸著，附著在上肩盂結節和上盂唇處。

● 肱二頭肌短頭會和喙肱肌匯集，形成聯合腱附著在喙突。

肌肉功能的特徵

● 肱二頭肌是跨過肩關節和肘關節的雙關節肌肉，它參與了這兩個關節的運動。

● 在肩關節方面，肱二頭肌參與了肩關節呈下垂位所進行的屈曲，以及90°外展位的水平屈曲。

● 肱二頭肌在肘關節部位是條強力的屈肌，而且在前臂部位也是條強力的旋後肌。

● 肱二頭肌長頭會以舉起上盂唇處的方式抑制骨頭往上方移動，如此便有助於肩盂肱骨關節的穩定性。

● 肱二頭肌長頭通過了結節間溝內部，在外旋位時其緊繃程度會特別增加。其肌腱緊繃時會提高骨頭的向心性，有助於肩盂肱骨關節的穩定性。

● 肱二頭肌和旋後肌會參與前臂的旋後。但是當肘關節呈屈曲位時，肱二頭肌是鬆弛的狀態，因此這時候主要是由旋後肌來進行旋後。

臨床相關

● 肱二頭肌長頭肌腱炎是肩關節周圍炎的病症之一。

● 在肱二頭肌長頭肌腱炎的徒手檢查之中，有名的有Yergason test[參考p.35]。

● 肱二頭肌長頭肌腱所形成的強大牽引力，或是骨頭所形成的剪力，會產生上盂唇前後病變（superior labrum anterior to posterior lesion；SLAP lesion）[參考p.178]。

● 若是肱二頭肌長頭肌腱斷裂，最具特徵性的症狀就是在肘關節屈曲時，可以在遠端看到肱二頭肌的異常隆起。

相關疾病

肱二頭肌長頭肌腱炎、上盂唇前後病變（SLAP lesion）、肱二頭肌長頭肌腱斷裂、肱二頭肌長頭肌腱脫位等等。

圖3-1　肱二頭肌的走向

肱二頭肌分為長頭和短頭。長頭起始於肩胛骨上肩盂結節和上盂唇處；短頭起始於喙突。而止端都是在橈隆起。但構成內側的纖維有一部份移動到了前臂屈肌腱膜。

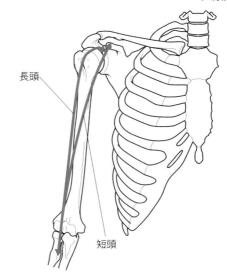

長頭

短頭

圖3-2　肱二頭肌長頭肌腱的走向

肱二頭肌長頭肌腱通過了結節間溝之後會進入關節內，以補強肌腱間隔的形式延伸。長頭肌腱會對肌腱支持不足的地方進行補強。

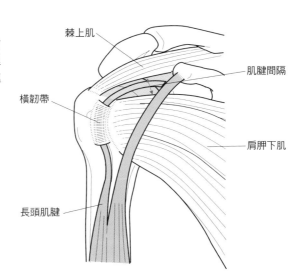

棘上肌

肌腱間隔

橫韌帶

肩胛下肌

長頭肌腱

圖3-3　肱二頭肌長頭的起端

肱二頭肌長頭附著於上盂唇處，其張力會將上盂唇處舉起，發揮抑制骨頭過度上移的功能。肱二頭肌長頭會和肩盂唇與關節窩進行連結，其連結範圍內的上方部位比較鬆散，而其他部位則是確實地固定住。

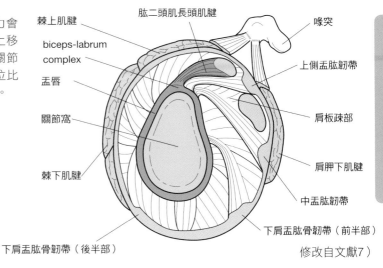

肱二頭肌長頭肌腱

棘上肌腱

喙突

biceps-labrum complex

上側盂肱韌帶

盂唇

肩板疏部

關節窩

肩胛下肌腱

棘下肌腱

中盂肱韌帶

下肩盂肱骨韌帶（前半部）

下肩盂肱骨韌帶（後半部）

修改自文獻7）

圖3-4　肱二頭肌止端的周圍解剖

肱二頭肌的止端，分為橈隆起和前臂屈肌腱膜二處。橈隆起方向的肌腱外側有橈神經和前臂外側皮神經，而前臂屈肌腱膜方向的肌腱與內上髁之間，則有肱動脈和正中神經通過。

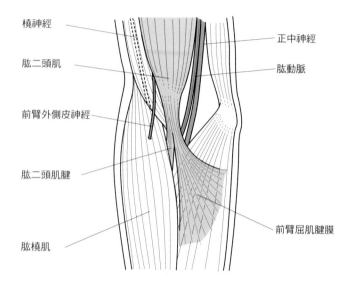

橈神經
肱二頭肌
前臂外側皮神經
肱二頭肌腱
肱橈肌
正中神經
肱動脈
前臂屈肌腱膜

圖3-5　肱二頭肌的作用

肱二頭肌是肘關節的重要屈肌，同時也是強力的旋後肌。如果想要單獨觸診肱二頭肌，因為肘關節屈曲時肱肌也會同時作用，所以可以利用旋後運動來進行觸診。

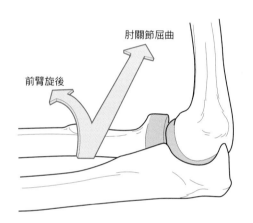

肘關節屈曲
前臂旋後

圖3-6　肩關節旋轉和長頭肌腱的緊繃

肱二頭肌長頭肌腱會經過橫韌帶內側，參與強化骨頭的穩定性。當肩關節呈外旋位時，長頭肌腱的緊繃會增加，而當肩關節呈內旋位時，緊繃會減少。換句話說，由長頭肌腱所形成的骨頭穩定性，對肩關節外旋位所產生的作用是最有效的。

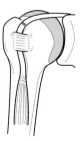

外旋位　　　　　中間位　　　　　內旋位

圖3-7 肱二頭肌長頭的觸診

觸診起始位置是讓病患仰臥，肘關節屈曲成90°。讓病患反覆進行激烈的前臂旋後運動，此時，肱二頭肌肌腹會在上臂呈隆起狀態，而診療者要將手指放在肱二頭肌肌腹外側。手指隨著肱二頭肌肌腹的收縮往近側移動，便能觸診到長頭肌腱通過結節間溝的狀態。

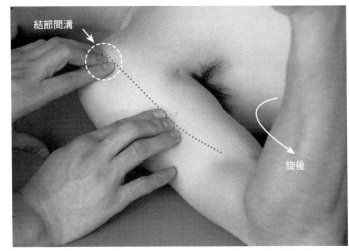

結節間溝

旋後

圖3-8 肱二頭肌短頭的觸診

在進行前臂旋後運動的過程中，若從內側開始沿著肌肉的隆起移動，則可以觸診到肱二頭肌短頭。在其近側，要用手指鑽進胸大肌下方並往喙突的方向對短頭肌腱進行觸診。

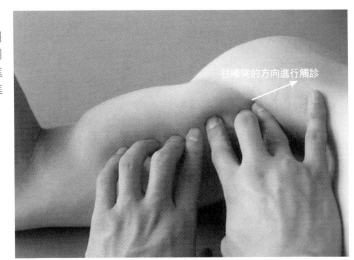

往喙突的方向進行觸診

圖3-9 肱二頭肌的觸診

如果確認了通過結節間溝的長頭肌腱之位置時，診療者便要將手指沿著其內側緣往遠側方向移動，如此就能觸診到肱二頭肌長頭和短頭的肌肉間。

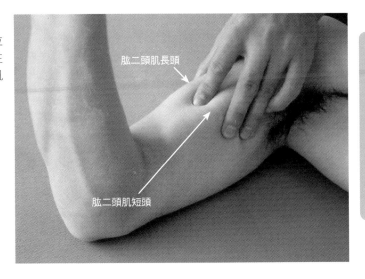

肱二頭肌長頭

肱二頭肌短頭

IV
肌
肉

177

圖3-10　肱二頭肌止端肌腱的觸診①

一邊讓病患反覆進行旋後運動，一邊從遠側位置觸診肱二頭肌短頭的內側緣。以此確認往前臂屈肌腱膜方向延伸的止端肌腱位置。

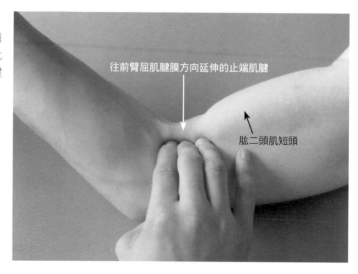

往前臂屈肌腱膜方向延伸的止端肌腱

肱二頭肌短頭

圖3-11　肱二頭肌止端肌腱的觸診②

一邊讓病患反覆做旋後運動，一邊從遠側位置觸診肱二頭肌長頭的外側緣。以此確認往橈隆起方向延伸的止端肌腱位置。

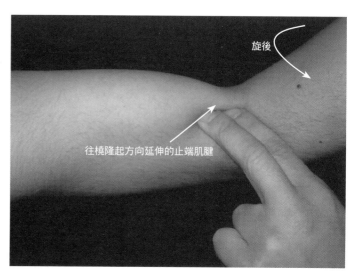

旋後

往橈隆起方向延伸的止端肌腱

上盂唇前後病變（SLAP lesion）

被視為throwing shoulder的病症之一，其起因於重覆進行投球動作所造成的over use，以及全力投球時所產生的hyper tension（過度的牽引力）。

Type 1　　　　　Type 2　　　　　Type 3　　　　　Type 4

Snyder的分類
- **Type1**：關節唇變性
- **Type2**：關節唇剝落
- **Type3**：髖臼唇的桶柄樣撕裂
- **Type4**：肱二頭肌長頭肌腱呈部分斷裂狀態的垂直斷裂

取自文獻8）

肱肌 brachialis muscle

解剖學上的特徵

● **[起端]**肱骨掌側面遠側1/2的位置

　 [止端] 尺骨粗隆、肘關節前關節囊

　 [支配神經] 肌皮神經（C5、C6）

● 肱肌的肌腱成分非常少，肌肉全體為肌腹的形態。

● 肱肌的內層肌群直接止於關節囊，並扮演關節肌肉的角色。

肌肉功能的特徵

● 肱肌是連結肱骨和尺骨的肌肉，所以只作用於肘關節屈曲。

● 附著於關節囊的肌群能防止肘關節屈曲的過程發生關節囊夾擊。

臨床相關

● 肱肌的纖維化是肘關節屈曲緊縮的主要病症之一。

● 被動進行肘關節屈曲時，肘窩如果感到疼痛，就要思考肘關節內部可能有前關節囊夾擠（impingement）的現象發生。

相關疾病

肘關節屈曲緊縮、肌皮神經麻痺等等。

圖3-12　肱肌的走向

肱肌起始於肱骨掌側面遠側1/2的位置，止於尺骨粗隆和肘關節前關節囊。在肱尺關節裡，肱肌純粹是條肘關節的屈肌。

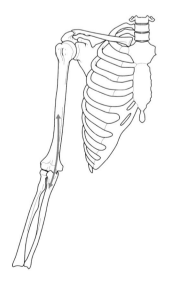

圖3-13　作為關節肌肉的肱肌

肱肌的深層纖維群直接止於肘關節前關節囊。當關節囊因為肘關節屈曲而鬆弛時，這些纖維群就會產生收縮，並拉起關節囊，發揮關節肌肉的功能。

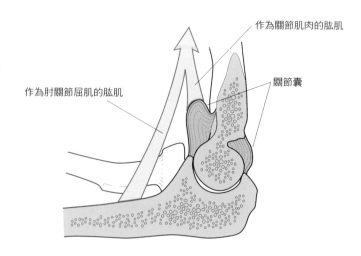

作為關節肌肉的肱肌

作為肘關節屈肌的肱肌

關節囊

圖3-14　肘關節垂直上方的切面圖

此圖是肘關節垂直上方的切面圖，簡略地表示了肌肉和神經的位置。肌皮神經會在肱二頭肌和肱肌之間，往這兩條肌肉伸出神經枝。正中神經是在肱肌內側往前臂屈肌群伸出神經枝；橈神經是在肱肌外側往前臂伸肌群伸出神經枝。此外，在這個區域，肱肌的位置幾乎是完全覆蓋了肱骨前方。

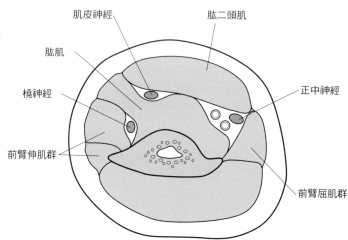

肌皮神經

肱二頭肌

肱肌

橈神經

正中神經

前臂伸肌群

前臂屈肌群

圖3-15　肱肌的觸診①

讓病患仰臥，肩關節屈曲90°，肘關節屈曲約100°，前臂進行旋後，以此姿勢作為觸診起始位置。這個姿勢是為了讓肱肌的起端和止端貼近，以抑制它們的活動。而從這裡開始進行前臂旋前的屈曲運動，則是為了能進行肱肌的觸診。

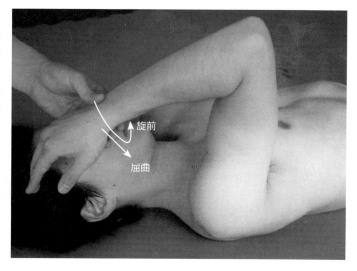

旋前

屈曲

圖3-16 肱肌的觸診②

肘關節屈曲時,一定要再施加前臂旋前,如此才能完全排除肱二頭肌的活動。診療者將手指放在病患外上髁稍微近側的腹側位置,在屈曲的過程中從外側對肱肌的收縮進行觸診。

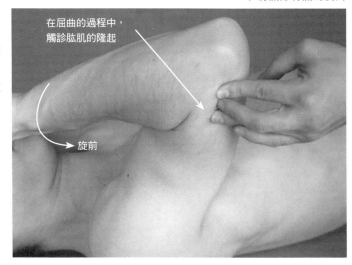

在屈曲的過程中,
觸診肱肌的隆起

旋前

圖3-17 肱肌的觸診③

診療者將手指放在病患內上髁稍微近側的腹側位置。在屈曲的過程中,從外側對肱肌的收縮進行觸診。在屈曲的過程中,要靠著肌肉從深部開始隆起的感覺來進行觸診。

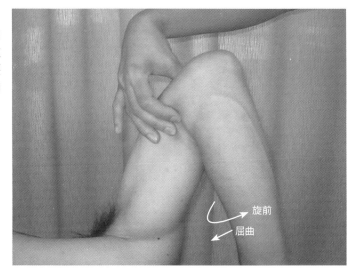

旋前

屈曲

圖3-18 肱肌的觸診④

如果確定肱二頭肌的收縮已經完全消失,則也可以從上臂前方來進行觸診。在屈曲過程中,從肱二頭肌的肌腹上方觸摸肌肉從深部將手指彈起來的感覺。一般而言,觸診的範圍可以至上臂遠側1/2位置的程度。

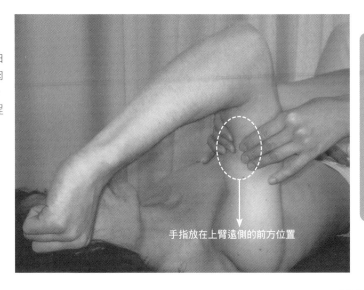

手指放在上臂遠側的前方位置

Ⅳ
肌
肉

181

肱橈肌 brachioradialis muscle

解剖學上的特徵
- **[起端]** 肱骨外上髁嵴近側2/3的位置
  [止端] 橈骨莖突的基底
  [支配神經] 橈神經（C5、C6）

肌肉功能的特徵
- 當肘關節呈伸展位時，將肱橈肌的起端和止端連成一線，此線會與肘關節的屈伸軸位置一致，因此在這個狀態下肘關節不會產生屈曲力矩。
- 當肘關節屈曲，且肌肉的走向也位在屈伸軸前方時，屈曲作用能發揮。
- 肱橈肌會因為前臂旋轉姿勢的不同，而使力量的作用方向產生變化。在旋前位會作用於前臂旋後，中間位作用於屈曲，而在旋後位則作用於外翻。

臨床相關
- 當肱骨的骨幹部位骨折而且發生橈神經麻痺時，肱橈肌也會受到其影響。在肘關節的屈曲作用方面，則因為肱肌、肱二頭肌的存在，故不會產生很嚴重的障礙，在一般情況下，則是出現手腕下垂、手指下垂的問題。
- 在產生肌皮神經麻痺的情況時，進行肘關節屈曲的重要肌肉就是肱橈肌。

相關疾病
橈神經麻痺、肌皮神經麻痺等等。

圖3-19　肱橈肌的走向

肱橈肌是一條從肱骨遠端外側一直延伸到
前臂外側的細長形肌肉，起端在肱骨外上
髁嵴近側2/3的位置，止端則位於橈骨莖突
的基底。會和肱二頭肌、肱肌一起強力作
用於肘關節屈曲。

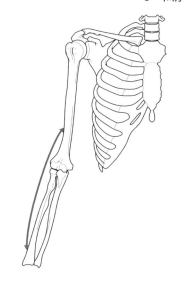

圖3-20　肱橈肌的作用①

當肘關節呈伸展位時，肱橈肌的走向會和
肘關節屈伸軸的位置一致，因此不會產生
屈曲力矩。當肘關節呈屈曲位且肌肉的走
向位於屈伸軸前方時，肱橈肌就會作為屈
肌而產生作用。

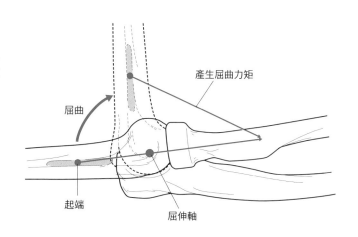

產生屈曲力矩

屈曲

起端

屈伸軸

圖3-21　肱橈肌的作用②

肱橈肌止端所在的橈骨莖突基底，會因為
前臂旋轉位置的不同而移動空間位置，肱
橈肌的作用也會一起產生變化。當前臂在
旋後位時，若活動肱橈肌，則會產生外翻
力，在中間位時則會產生屈曲力，而在旋
前位時，則會產生旋後力。

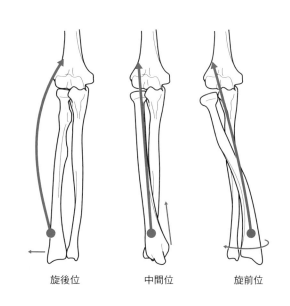

旋後位　　　　中間位　　　　旋前位

圖3-22　肱橈肌的觸診①

讓病患呈座位而肘關節屈曲90°，前臂旋轉到中間位，以此姿勢作為觸診起始位置，並開始反覆進行肘關節屈曲運動。

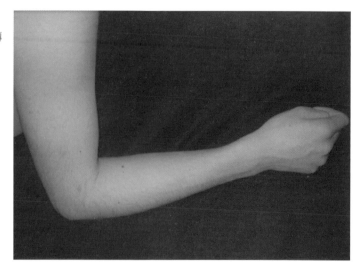

圖3-23　肱橈肌的觸診②

往橈骨遠端施加抵抗，要注意位置絕對不要超過腕關節。如果在超過腕關節的位置施加抵抗的話，橈側伸腕長肌會增加肌肉活動，所觀察到的肱橈肌會變得比原來的還要大，這點必須注意。如果在腕關節靠近近側的位置施加抵抗，同時進行肘關節屈曲的話，可以在前臂近外側觀察到肱橈肌舒緩，此時可往末梢方向觸診到舒緩狀態的肱橈肌。

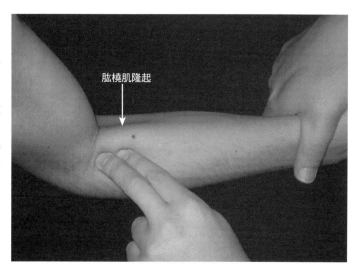

肱橈肌隆起

圖3-24　肱橈肌的觸診③

一旦越過腕骨遠側1/3附近的位置時，肱橈肌會往肌腱方向移動。從這裡進行遠側的觸診時，會感覺到肱橈肌的肌腱附著在橈骨的骨幹上，因此在肌肉收縮的過程中要仔細觸診肌腱的收縮。

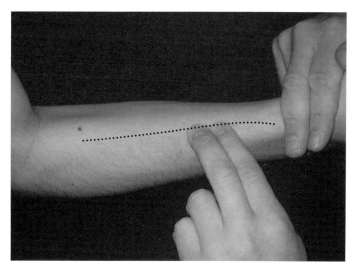

肱三頭肌 triceps brachii muscle

解剖學上的特徵

● 肱三頭肌長頭（triceps brachii long head）

　[起端] 肩胛骨盂下結節　[止端] 尺骨鷹嘴

● 肱三頭肌外側頭（triceps brachii lateral head）

　[起端] 在肱骨近側背側面，靠近橈神經溝近側的位置　[止端] 尺骨鷹嘴

● 肱三頭肌內側頭（triceps brachii medial head）

　[起端] 在肱骨近側背側面，靠近橈神經溝遠側的位置　[止端] 尺骨鷹嘴、肘關節後關節囊

● [支配神經] 橈神經（C7、C8）

● 在肱三頭肌裡只有長頭是雙關節肌肉，其他都是單關節肌肉。

● 這三條肌肉裡，內側頭是位在深層；而長頭和外側頭的走向則覆蓋了內側頭。

● 位於頂面的長頭和外側頭，在上臂遠側1/3處互相交會，形成了聯合腱止於尺骨鷹嘴。

● 在內側頭最深層處的纖維群，會直接進入肘關節的後關節囊。

● 沒有止於關節囊的纖維，會在深部與長頭和外側頭形成的聯合腱交會。

肌肉功能的特微

● 肱三頭肌擁有強力的肘關節伸展作用，而長頭還同時擁有肩關節伸展作用。

● 長頭的肘關節伸展力會受到肩關節影響，在肩關節呈屈曲位時會有強力的作用。而相反地，當肩關節呈伸展位時，因為長頭的起端和止端位置相近，所以肘關節的伸展作用就會下降。

● 擁有關節肌肉功能的內側頭，在肘關節伸展的過程中扮演了防止後關節囊夾擊的角色。

臨床相關

● 在throwing shoulder裡，對於病患前來就診敘述後方感到疼痛的病例，有時會發現Bennett骨刺從盂下結節附近往遠側延伸 [參考p.25、p.27]。基本上誘因是由肩關節後下部的僵硬所形成的，但肱三頭肌長頭短縮也是不可忽略的重要因素。

● 肘關節得到外傷之後所產生的屈曲限制，會使得洗臉或進食的動作受到相當的限制，而且在治療上也成為一個很大的問題。像這樣的情況，大多存在著內側頭的壓痛或痙攣，對這些部位進行反覆收縮治療，在可動範圍的回復方面有很大影響。

● 肘關節進行被動伸展時，若是肘關節後方感到疼痛，多數是後關節囊夾擊所產生的疼痛。遇到這種情形時，如果在內側頭收縮的同時再進行伸展，則疼痛便會立即消失。

相關疾病

throwing shoulder、外傷後肘關節緊縮、肘關節後方夾擠、異位性骨化、Bennett骨刺、橈神經麻痺等等。

IV
肌肉

圖3-25肱三頭肌的走向

a. 肱三頭肌長頭

肱三頭肌長頭起始於肩胛骨盂下結節，止於尺骨鷹嘴。構成了上臂背側頂面的內側，並且作用於肩關節和肘關節的雙關節肌肉。

b. 肱三頭肌外側頭

肱三頭肌外側頭起始於肱骨背側骨幹的近側，要再確實形容則是在橈神經溝的近側，止於尺骨鷹嘴。肱三頭肌外側頭構成了上臂背側頂面的外側，並且作用於肘關節伸展。

c. 肱三頭肌內側頭

肱三頭肌內側頭，廣範圍起始於肱骨背側骨幹的遠側，要再精確一點形容，就是位在橈神經溝的遠側，止於尺骨鷹嘴和肘關節後關節囊。是唯一位於上臂背側深層的肌肉。肱三頭肌內側頭作用於肘關節伸展。

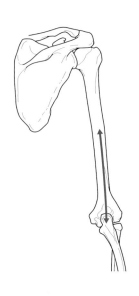

圖3-26　肱三頭肌的重疊構造

肱三頭肌內側頭位於深層，其外側和內側
分別被外側頭和長頭給覆蓋住，從表層並
無法觀察到內側頭的肌腹。

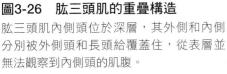

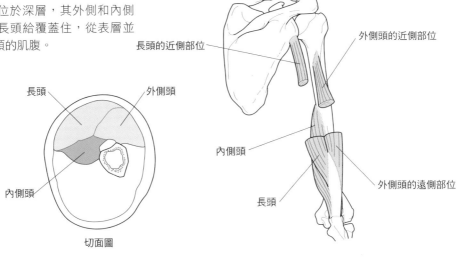

切面圖

圖3-27　肱三頭肌止端部位的解剖

在肱三頭肌的止端部位，位於表層的長頭
和外側頭會在此形成聯合腱。內側頭會從
深部進入此處，並止於長頭。

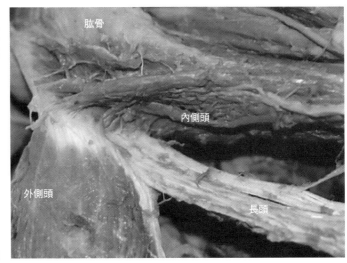

此照片是由青木隆明博士所提供

圖3-28　肱三頭肌內側頭止端部位的
　　　　　解剖

肱三頭肌內側頭的深層部位，是作為關節
肌肉而進入了肘關節後關節囊。其功能是
為了防止肘關節伸展時所發生的關節囊夾
擊。

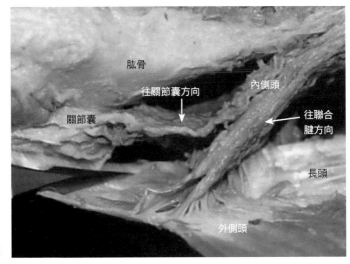

此照片是由青木隆明博士所提供

IV　肌肉

圖3-29　肱三頭肌長頭的觸診①

讓病患呈座位，肩關節屈曲約45°。診療者要用手支撐住病患肘關節近側的位置，以此姿勢為觸診起始位置。

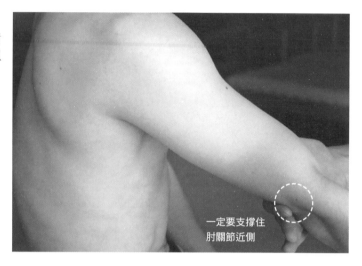

一定要支撐住
肘關節近側

圖3-30　肱三頭肌長頭的觸診②

從觸診起始位置開始，讓病患反覆進行肩關節伸展運動。在運動的過程中，對產生收縮的肱三頭肌長頭進行觸診。診療者用來支撐病患上肢的手若是位在肘關節遠側的話，在肩關節伸展的同時肘關節會產生屈曲力矩，這樣包括長頭在內的所有三頭肌都會收縮，因此不適用於只對長頭進行的觸診。

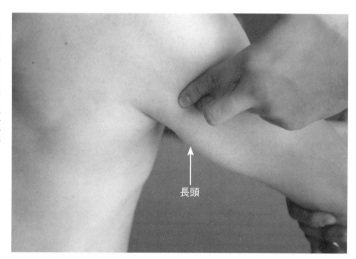

長頭

圖3-31　肱三頭肌長頭的觸診③

要觸診肱三頭肌長頭的另一種方法，就是在觸診時施加伸展運動。讓肘關節屈曲至極限位置，並且讓肩關節慢慢地屈曲，身為雙關節肌肉的長頭（←→）就會受到強力的伸展，要在這時對長頭的緊繃變化進行觸診。

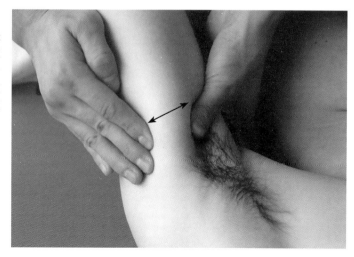

圖3-32 肱三頭肌外側頭、內側頭的觸診

因為肱三頭肌的外側頭、內側頭是單關節肌肉,所以只和肘關節伸展有關聯。要觸診這些肌肉,就要儘可能排除長頭的參與,因此觸診的起始位置為,讓肩關節伸展至極限位置,而肘關節稍微屈曲。

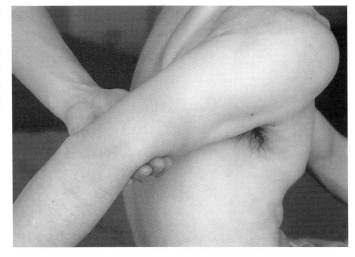

圖3-33 肱三頭肌外側頭的觸診

將手指放在病患鷹嘴的外側近側位置,病患的肘關節以稍微的屈曲位開始反覆做伸展運動,診療者要在這時觸診外側頭的收縮。在觸診時,讓肩關節稍微外旋,若對肘關節施加內翻力矩的話,外側頭會加強收縮,而使觸診更容易。

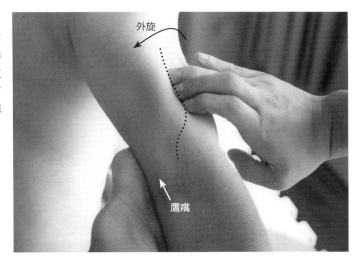

外旋

鷹嘴

圖3-34 肱三頭肌內側頭的觸診

將手指放在病患鷹嘴的內側近側位置,病患的肘關節以稍微的屈曲位開始反覆做伸展運動,診療者要在此時對內側頭的收縮進行觸診。觸診時,讓肩關節稍微內旋,對肘關節施加外翻力矩的話,內側頭會加強收縮,因而更容易觸診到。此外,可以一起確認長頭收縮力降低的情況。

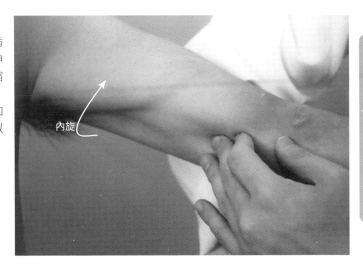

內旋

IV 肌肉

189

肘肌 anconeus muscle

解剖學上的特徵

● **[起端]** 肱骨外上髁後方、肘關節囊

   [止端] 尺骨近側1/4後方部位

   [支配神經] 橈神經（C7、C8）

● 肘肌有一部份的起端，是起始於肘關節後方外側的肘關節囊。

肌肉功能的特徵

● 肘肌能使肘關節伸展，並能輔助肱三頭肌。

● 起始於關節囊的纖維，被認為除了能防止夾擠（impingement）之外，也能使後方外側的關節囊緊繃，讓關節囊獲得穩定性。

● 當隨著前臂旋後而進行伸展的時候，肘肌會增加其肌肉活動。這點被認為是為了抵抗旋前運動所產生的內翻向量，而進行的動態穩定性。

臨床相關

● 在肱骨外上髁出現壓痛的病例當中，大多是橈側伸腕短肌等部位發生著骨點發炎（外上髁炎）。

● 但是，如果是進行旋前、伸展運動而引發疼痛，且在外上髁後方出現了壓痛的話，就是肘肌所引發的著骨點發炎。必須仔細地辨別。

相關疾病

外側肱骨髁上炎、橈神經麻痺等等。

圖3-35　肘肌的走向

肘肌起始於肘關節後方外側的關節囊以及
肱骨外上髁後方。止於肱骨近側1/4的後方
位置，是條三角形的肌肉。具有輔助肘關
節伸展，讓關節囊緊繃的功能。

圖3-36　肘肌和旋前運動的關係

肘肌在進行旋前運動的過程中，會增加其肌肉活動。肘肌本身沒有附著於橈骨。藉由前臂旋轉能改變肌肉活動，這並非只是理論。若從「抵抗旋前運動所產生的內翻、屈曲向量，而進行的動態穩定性反應」的角度來思考，便能理解。

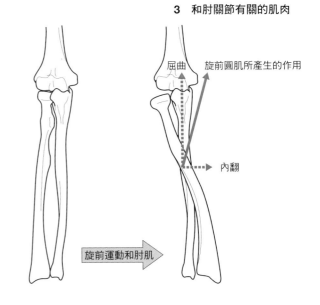

圖3-37　肘肌的觸診①

讓病患仰臥、肩關節屈曲90°，而肘關節屈曲、前臂呈旋後，以此姿勢作為觸診起始位置。此時，診療者要確認肱骨外上髁的位置，並將手指置於其後方。

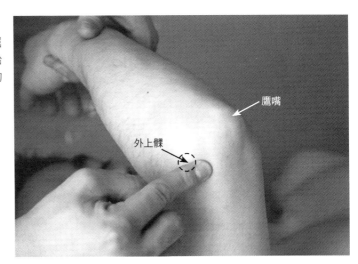

圖3-38　肘肌的觸診②

從觸診起始位置開始，讓病患一邊做前臂旋前、一邊反覆進行肘關節伸展運動。在運動的過程中，針對肘肌的收縮狀態進行觸診。從外上髁往尺骨近側移動，可以觀察到三角形形狀的肘肌。

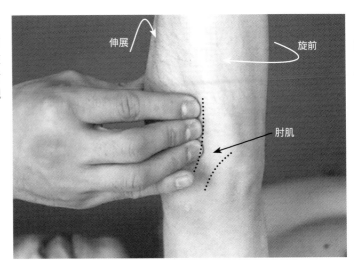

Ⅳ
肌
肉

旋前圓肌 pronator teres muscle

解剖學上的特徵

● **[起端]** 肱骨內上髁（肱頭）、尺骨冠狀突的內側面
　 [止端] 橈骨中央外側
　 [支配神經] 正中神經（C6、C7）
● 旋前圓肌的起端分為肱骨和尺骨頭，而正中神經會通過其肌肉間。

肌肉功能的特徵

● 旋前圓肌會使肘關節屈曲和肘關節旋前。
● 對於肘關節的外翻壓力，旋前圓肌能作為動態的stabilizer來進行控制。

臨床相關

● 由於旋前圓肌發生過度痙攣或是形成結疤痕，使正中神經絞扼而產生正中神經麻痺，這就稱為旋前圓肌症候群。
● 在棒球肘裡最常發生內側型疼痛，這是投球的加速過程導致過度的外翻壓力所致。在這種病例裡，前臂屈肌群中壓痛最強烈的部位就是旋前圓肌。

相關疾病

旋前圓肌症候群（高位正中神經麻痺）、內側型棒球肘、肘關節屈曲緊縮等等。

圖3-39 旋前圓肌的走向

旋前圓肌擁有二個起端，一個是起始於肱骨外內上髁的肱頭，另一個是起始於尺骨冠狀突內側面的尺骨頭。而止端則位於橈骨中央外側，能對肘關節屈曲和旋前產生作用。此外，對於施加在肘關節的外翻壓力，旋前圓肌是其中一個重要的動態控制因素。

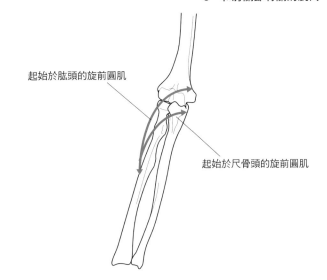

起始於肱頭的旋前圓肌

起始於尺骨頭的旋前圓肌

圖3-40 旋前圓肌和正中神經的關係

在尺骨頭至肱骨部位之間的旋前圓肌裡會有正中神經通過，接著正中神經會進入屈指淺肌的腱弓（fibrous arcade）內部。在這個部位所發生的絞扼稱為旋前圓肌症候群，也是高位正中神經麻痺的好發部位。

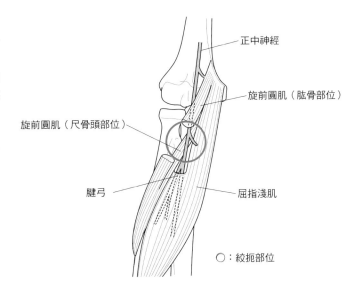

正中神經

旋前圓肌（肱骨部位）

旋前圓肌（尺骨頭部位）

腱弓

屈指淺肌

○：絞扼部位

圖3-41 旋前圓肌之外，其他淺層的屈肌所擁有的旋前作用

淺層屈肌除了有旋前圓肌之外也有其他的肌肉，其中特別是橈側屈腕肌和掌長肌，這兩類肌肉的走向是以斜線向外側延伸。因此這兩類肌肉的收縮和旋前圓肌一樣，會分為屈曲向量和旋前向量。要單獨觸診旋前圓肌時，必須要抑制住這些屈肌群。

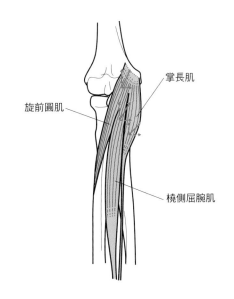

掌長肌

旋前圓肌

橈側屈腕肌

圖3-42　旋前圓肌的觸診①

觸診的起始位置是讓病患呈仰臥，而肘關節屈曲約90°、前臂旋後、腕關節掌曲到極限位置。當腕關節進行掌曲時，因為起始於內上髁的橈側屈腕肌和掌長肌等肌肉，擁有旋前作用，所以要抑制住這些肌肉的收縮，使旋前圓肌的觸診能夠進行得更順利。

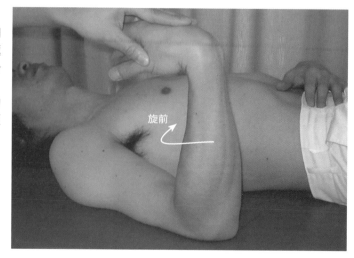

圖3-43　旋前圓肌的觸診②

診療者將手指放在病患內上髁的內側，腕關節保持在掌曲位，並反覆進行前臂旋前運動。在運動的過程中，可以觸診到斜線走向的旋前圓肌。當越過旋轉中間位一帶時，可以感受到旋前圓肌的強烈收縮。

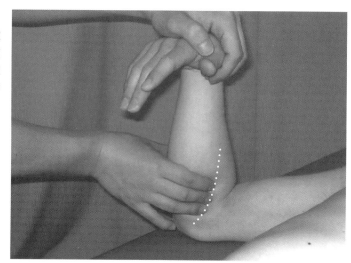

圖3-44　旋前圓肌的觸診③

在腕關節的屈肌群裡，橈側屈腕肌和掌長肌等肌肉特別會參與前臂旋前。如果病患的腕關節沒有保持掌屈的狀態便進行旋前的話，旋前圓肌以外的鄰近屈肌群就會產生收縮（→），如此一來，要單獨觸診旋前圓肌將變得十分困難。

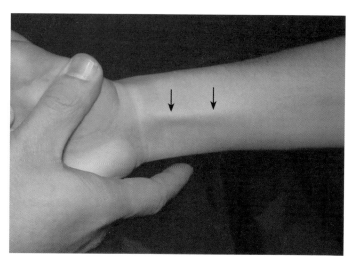

旋前方肌 pronator quadratus muscle

解剖學上的特徵

●**[起端]** 尺骨下方部位前側

[止端] 橈骨下方部位前側

[支配神經] 正中神經（C8、T1）

●在前臂的肌肉之中，旋前方肌位於最深層的位置，寬度約3～4cm左右。

肌肉功能的特微

●旋前方肌純粹是前臂的旋前肌，除此之外沒有其他作用。

臨床相關

●除了旋前方肌之外，旋前圓肌以及其他一部份的前臂屈肌群也會參與旋前運動。要評估旋前方肌固有的肌力時，必須讓肘關節完全屈曲、腕關節完全掌屈，接著再評估其旋前的肌力，如此就能大略掌握旋前方肌的單獨肌力。

相關疾病

旋前圓肌症候群（高位正中神經麻痺）、前骨間神經麻痺、前臂旋前緊縮等等。

圖3-45　旋前方肌的走向

旋前方肌起始於尺骨下方部位前側，止於橈骨下方部位前側。旋前方肌會將橈骨拉往尺骨方向，並進行純粹的旋前運動。

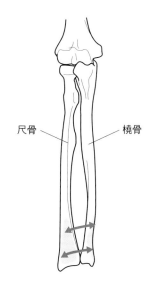

尺骨　　　橈骨

Ⅳ
肌
肉

圖3-46　旋前方肌的周邊解剖

在前臂屈肌群之中，旋前方肌位於最深層
的位置，而屈拇長肌腱和屈指深肌腱則會
通過其上方。此外，橈側會有橈動脈通
過，尺側則有尺動脈通過。

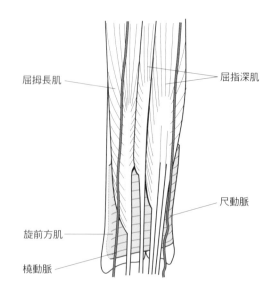

屈拇長肌

屈指深肌

尺動脈

旋前方肌

橈動脈

圖3-47　旋前方肌的觸診①

讓病患呈仰臥、肘關節屈曲約90°、前臂旋
後、腕關節掌屈到極限位置，以此姿勢作
為觸診起始位置。腕關節進行掌屈，是為
了排除前臂屈肌群所產生的旋前作用，以
及防止屈指深肌和屈拇長肌產生緊繃。

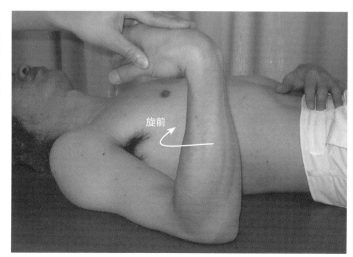

旋前

圖3-48　旋前方肌的觸診②

診療者要將手指放在尺側方向上，並避開
屈指深肌腱，使病患反覆進行前臂旋前運
動。在過程中，診療者不要對旋前運動產
生抵抗，如此在旋轉超過中間位置一帶
時，就可以強烈感受到旋前方肌所產生的
收縮現象。此外，手指放在橈側也可以完
全地觸診到旋前方肌，因此可以共同進行
確認。

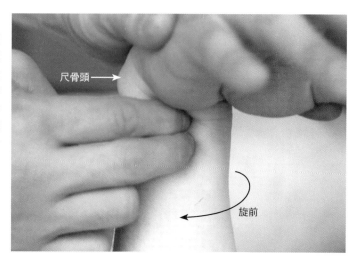

尺骨頭

旋前

旋後肌 spinator muscle

解剖學上的特徵

● **[起端]** 肱骨外上髁、尺骨旋後肌嵴、外側副韌帶、橈骨環狀韌帶

  [止端] 橈骨上方部位（橈隆起和旋前肌結節之間）

  [支配神經] 橈神經（C5、C6）

● 旋後肌位在背側肌群的深層，以纏繞的方式止於橈骨。

● 橈神經的深枝貫穿了旋後肌，在此之後則為後骨間神經。

肌肉功能的特微

● 旋後肌會在肘關節伸展的同時讓前臂旋後。

臨床相關

● 關係到旋後運動的肌肉，除了有旋後肌外，也有肱二頭肌。要評估旋後肌固有的肌力時，要讓肘關節完全屈曲，並排除肱二頭肌的活動，藉此將可大致掌握旋後肌單獨的運動。

● 橈神經的深枝貫穿了旋後肌，此部位常常會發生絞扼，所產生的後骨間神經麻痺一般都稱之為旋後肌症候群。

相關疾病

旋後肌症候群（後骨間神經麻痺）、前臂旋前緊縮、肱骨外側上髁炎等等。

圖3-49　旋後肌的走向

旋後肌起始於肱骨外上髁、尺骨旋後肌嵴、外側副韌帶、橈骨環狀韌帶，止於橈骨上方部位，作用於肘關節的伸展和旋後。

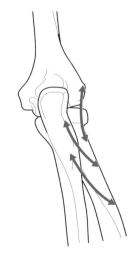

IV 肌肉

圖3-50　貫穿旋後肌的橈神經深枝

橈神經深枝貫穿了旋後肌，在此之後則為後骨間神經，支配著伸拇長肌和伸食指肌。旋後肌症候群就是因為橈神經所貫穿的部位出現絞扼，所發生的後骨間神經麻痺現象。

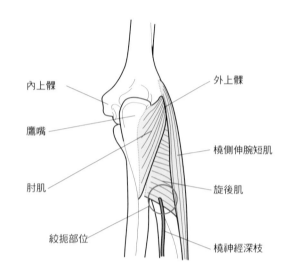

內上髁
鷹嘴
肘肌
絞扼部位
外上髁
橈側伸腕短肌
旋後肌
橈神經深枝

圖3-51　旋後肌和旋前圓肌之間的相互關係

用旋後位和旋前位來表示旋後肌和旋前圓肌之間的相互關係。可以知道旋後肌的止端會廣泛地附著於旋前肌結節近側，直至橈隆起外側。此外，在旋前位時，旋後肌會以纏繞著橈骨的方式進行延伸，並藉回位的動作來進行旋後運動。

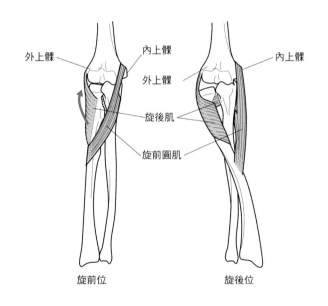

外上髁
內上髁
外上髁
旋後肌
旋前圓肌
內上髁
外上髁
旋後肌
旋前位
旋後位

圖3-52　擁有旋後作用的伸肌

作用於前臂旋後的前臂肌肉並非只有旋後肌。橈側伸腕長肌、橈側伸腕短肌、伸拇長肌和外展拇長肌等等，這些肌肉也都因為其走向而擁有旋後作用。在進行旋後肌的觸診時，必須抑制這些伸肌群。

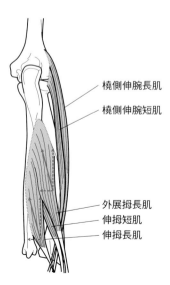

橈側伸腕長肌
橈側伸腕短肌
外展拇長肌
伸拇短肌
伸拇長肌

圖3-53 旋後肌的觸診①

讓病患呈仰臥、肘關節屈曲90°、前臂旋前、腕關節背屈到極限位置，以此姿勢作為觸診起始位置。腕關節進行背屈是為了抑制橈側伸腕長肌、橈側伸腕短肌、伸拇長肌和外展拇長肌等部位的旋後作用，以便能夠更容易觸摸到旋後肌。

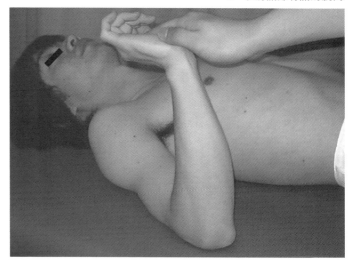

圖3-54 旋後肌的觸診②

診療者將手指放在病患的外上髁，使病患的腕關節保持於背屈位，並反覆進行前臂旋後運動。在運動的過程中，可以觸診到起始於肱骨的旋後肌。旋轉位超過中間位置一帶時，則可以強烈地感受到旋後肌的收縮。

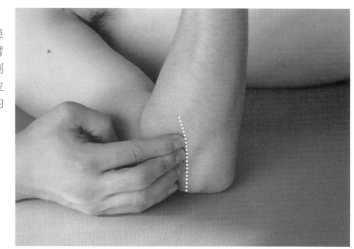

圖3-55 旋後肌的觸診③

診療者將手指放在病患尺骨緣的近側的橈側，一樣讓病患的腕關節保持在背屈位，並反覆進行前臂旋後運動。在運動的過程中，可以觸診到起始於尺骨旋後肌嵴的旋後肌，對旋後運動不要做任何的抵抗。

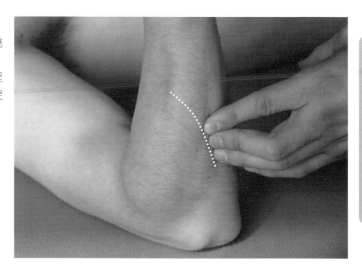

199

掌長肌 palmaris longus muscle

解剖學上的特徵

- **[起端]** 肩肱骨內上髁
  [止端] 掌腱膜
  [支配神經] 正中神經（C7～T1）
- 在確認其他屈肌肌腱的位置時，從腕關節掌側所觀察到的掌長肌肌腱是個重要的定位點。
- 在掌長肌肌腱的橈側有橈側屈腕肌腱在延伸著，尺側則有屈指淺肌腱。在屈指淺肌腱的尺側則有尺側屈腕肌腱在延伸著。
- 掌長肌和其他肌肉相比，有比較多先天性缺陷的例子，其缺陷有4～13％。

肌肉功能的特徵

- 掌長肌能夠一邊使掌腱膜產生緊繃，一邊作用於腕關節掌屈。此外，掌長肌也能輔助肘關節屈曲。

臨床相關

- 掌長肌是腕關節屈肌裡的其中一條肌肉，即使有缺陷也不會特別出現機能損傷。在臨床上將其作為腕關節屈曲的輔助肌來處理會比較適當。
- 掌長肌的肌腱非常長，在有陳舊性肘關節不穩定症的病例裡可以當成重建材料。此外，在屈肌肌腱損傷、伸肌肌腱損傷時，若是斷裂部位產生很大的裂隙，則是會用於移植。
- 在內側型棒球肘裡，有許多掌長肌肌腹出現強烈緊縮和壓痛的例子。

相關疾病

掌長肌肌腱斷裂、正中神經麻痺、棒球肘、屈肌肌腱損傷、伸肌肌腱損傷、陳舊性肘關節不穩定症等等。

圖4-1　掌長肌的走向（右腕）

掌長肌起始於肱骨內上髁，並止於掌腱膜。其主要的作用為，讓手掌腱膜產生緊繃使腕關節進行掌屈，此外還參與輔助肘關節屈曲跟前臂旋前。

圖4-2　作為定位點的掌長肌肌腱和其他屈肌肌腱的位置

以掌長肌肌腱為中心，其橈側的旁邊就是橈側屈腕肌腱；而尺側的旁邊則有屈指淺肌腱，在屈指淺肌的尺側有附著於豌豆骨的尺側屈腕肌腱。在橈側屈腕肌腱的橈側可以確認橈動脈的位置，在尺側屈腕肌腱的橈側可以確認尺動脈的位置。

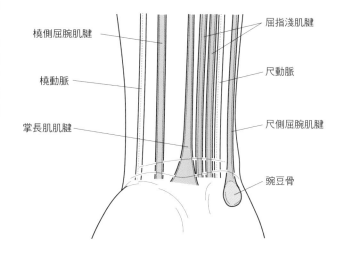

圖4-3　掌長肌的觸診①

掌長肌的觸診起始位置為病患的前臂旋後，將手背放置在桌子上。並且讓病患用力將指尖全部集中在一起，使掌腱膜產生緊繃。

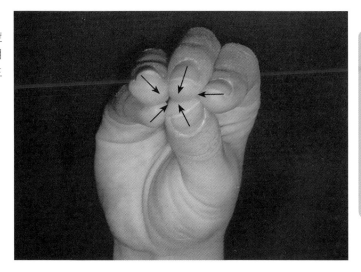

圖4-4 掌長肌的觸診②

讓掌腱膜保持緊繃狀態,而腕關節稍微掌
屈,如此一來,在腕關節掌側就能明顯觀
察到掌長肌肌腱(→)。

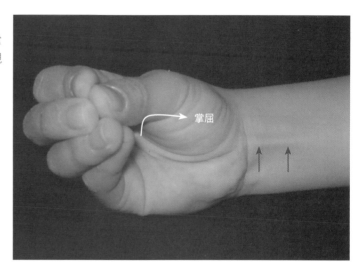

圖4-5 掌長肌的觸診③

診療者的手指沿著在腕關節掌側所觀察到
的掌長肌肌腱,往近側方向進行觸診。就
在此時讓病患進行腕關節掌屈運動,運動
的力道只要到掌長肌肌腱浮起來的程度即
可。如果掌屈過頭的話,要辨別位置在肌
腹區域的橈側屈腕肌和尺側屈腕肌就會變
得比較困難。

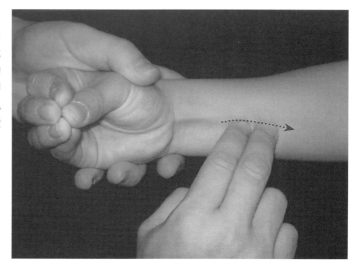

圖4-6 掌長肌的觸診④

從更加近側的位置去觸摸掌長肌肌腱,並
觸診其肌肉肌腱的交接處。掌長肌是一條
長度約15cm左右的肌腱組織,因此要仔細
觸診掌長肌從肌腱組織轉換成肌肉組織的
情況。圖中表示從尺側方向觸診掌長肌的
肌肉肌腱交接處,在其更近側的地方會觸
摸到掌長肌和尺側屈腕肌之間的裂隙。

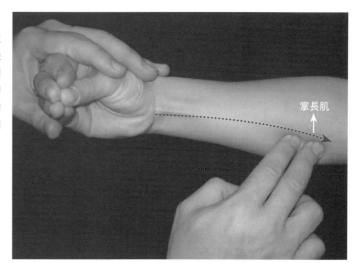

橈側屈腕肌 flexor carpi radialis muscle

解剖學上的特徵

● **[起端]** 肱骨內上髁的總屈肌腱

  [止端] 食指、中指的掌骨基部掌側

  [支配神經] 正中神經（C6、C7）

● 橈側屈腕肌位在腕關節掌側，並位於掌長肌肌腱的橈側。

● 正中神經位在橈側屈腕肌肌腱和掌長肌肌腱之間，而橈動脈則位於橈側屈腕肌肌腱的橈側位置。

肌肉功能的特微

● 橈側屈腕肌會作用於腕關節掌側屈曲和橈側屈曲，以及輔助肘關節屈曲。

● 因為橈側屈腕肌的走向是起於內上髁並向外側斜線延伸。因此，當前臂呈旋後位時，橈側屈腕肌會擁有旋前作用。

臨床相關

● 腕關節的掌屈運動，是藉由橈側屈腕肌和尺側屈腕肌的協調而獲得控制。例如，在尺神經麻痺等因素所造成的尺側屈腕肌機能下降，便會使腕關節在進行掌屈運動時出現橈屈。

● 在內側型棒球肘裡，有很多橈側屈腕肌肌腹出現強烈痙攣和壓痛的例子。

相關疾病

橈側屈腕肌腱斷裂、正中神經麻痺、棒球肘、腕關節緊縮等等。

IV
肌
肉

圖4-7 橈側屈腕肌的走向

橈側屈腕肌起始於肱骨內上髁，止於食指、中指的掌骨基部掌側。主要的作用為參與腕關節的掌屈和橈屈，並輔助肘關節屈曲。當前臂呈旋後位時，也會參與旋前運動。

圖4-8 腕關節的屈肌

腕關節的屈肌位在前臂掌側的淺層部位，由橈側屈腕肌、掌長肌、尺側屈腕肌所構成。以掌長肌為中心，在橈側有橈側屈腕肌，在尺側則有尺側屈腕肌與掌長肌並列著。因為掌長肌沒有直接停止在骨頭上，因此進行腕關節屈曲的主要力量來源，可以認定是橈側和尺側屈腕肌所提供的。此外，橈側屈腕肌的止端部份是以分歧的方式附著在作為固定部位的食指和中指掌骨基部，這一點也令人感到相當地好奇。

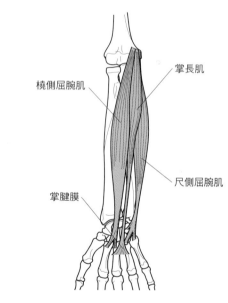

掌長肌

橈側屈腕肌

尺側屈腕肌

掌腱膜

圖4-9 橈側屈腕肌的觸診①

橈側屈腕肌的觸診起始位置為讓病患的前臂呈旋後位，並將手背放在桌子上。讓病患稍微進行掌屈運動，並確認掌長肌肌腱和旁邊延伸於橈側的橈側屈腕肌肌腱位置。

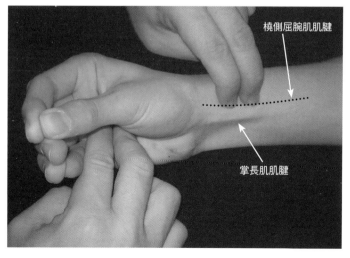

橈側屈腕肌肌腱

掌長肌肌腱

圖4-10　橈側屈腕肌的觸診②

將病患食指的掌骨基部被動地往肱骨內上髁方向，反覆進行最短距離的接近運動，讓病患能完全了解橈側屈腕肌的固有運動。

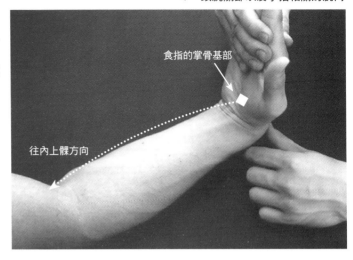

食指的掌骨基部

往內上髁方向

圖4-11　橈側屈腕肌的觸診③

使病患的手指不要出力，並且讓病患自行做出先前練習過的橈側屈腕肌固有運動，使肌肉慢慢地自動收縮。此時，診療者要往近側方向觸診橈側屈腕肌。

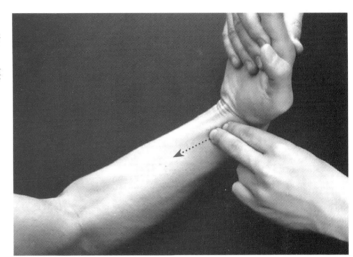

圖4-12　橈側屈腕肌的觸診④

橈側屈腕肌肌腱在前臂中央位置一帶會轉換成肌腹。在橈側屈腕肌肌腱的尺側有掌長肌，而其橈側則有旋前圓肌。橈側屈腕肌被夾在這二條肌肉之間並延伸到內上髁。在進行橈側屈腕肌的觸診時，也要仔細觸診橈側屈腕肌與這二條肌肉之間的肌間。圖中動作表示正在觸診橈側屈腕肌和旋前圓肌之間的肌間。

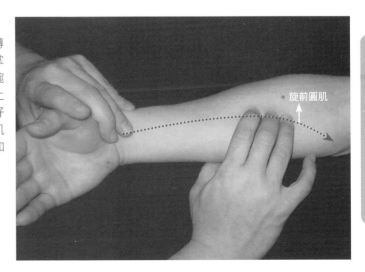

旋前圓肌

IV
肌肉

205

尺側屈腕肌 flexor carpi ulnaris muscle

解剖學上的特徵
- **[起端]** 從肱骨內上髁的總屈肌腱、鷹嘴內側面往尺骨方向的後方近側2/3處
  [止端] 藉由豌豆骨止於小指掌骨基部掌側、鉤骨鉤
  [支配神經] 尺神經（C8、T1）
- 尺側屈腕肌在腕關節掌側部位是位於最尺側的肌肉，並位在屈指淺肌腱的尺側。
- 在尺側屈腕肌腱橈側的旁邊，會有尺動脈和尺神經經過。
- 在前臂屈肌群之中，唯一被尺神經單獨支配的肌肉就是尺側屈腕肌。

肌肉功能的特徵
- 尺側屈腕肌會對腕關節的掌屈和尺屈產生作用，也能輔助肘關節的屈曲運動。
- 小指外展肌起始於豌豆骨，而尺側屈腕肌則是附著在豌豆骨上，因此尺側屈腕肌為小指外展肌的固定肌。

臨床相關
- 是構成肘管的要素之一，有時會成為同部位尺神經絞扼的發生原因。
- 在發生肘隧道症候群時，尺側屈腕肌會產生麻痺，而發生尺神經隧道症候群（Guyon tunnel syndrome：尺神經低位麻痺）時，尺側屈腕肌仍能具有功能。
- 在內側型棒球肘裡，尺側屈腕肌比較少出現痙攣或壓痛的情況，但是在重症病例裡，尺側屈腕肌有時會出現明顯的症狀。像這樣的病例，常會出現小指感到麻痺的例子。

相關疾病
肘隧道症候群（尺神經麻痺）、尺側屈腕肌腱斷裂、尺側屈腕肌腱鞘炎、棒球肘等等。

圖4-13　尺側屈腕肌的走向

尺側屈腕肌起始於肱骨內上髁、從鷹嘴內側面往尺骨方向的後方近側2/3處，並藉由豌豆骨止於小指掌骨基部掌側、鉤骨鉤。主要的作用為參與腕關節掌屈和尺屈以及輔助肘關節屈曲。

圖4-14　小指外展肌和尺側屈腕肌之間的關係

豌豆骨和其他七根腕骨相比，其結締組織比較鬆散且欠缺靜態穩定度。小指外展肌起始於豌豆骨，為了讓小指外展肌能有效地發揮其收縮力，作為其基座的豌豆骨就不能欠缺穩定性。而尺側屈腕肌則會給予豌豆骨穩定性，來提高小指外展肌的功能。

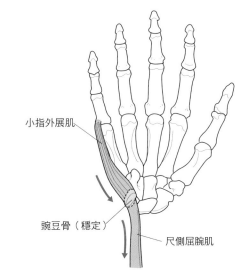

小指外展肌

豌豆骨（穩定）

尺側屈腕肌

圖4-15　尺側屈腕肌的觸診①

進行尺側屈腕肌的觸診時，要讓病患的前臂呈旋後位、手背放置在桌子上，以此姿勢作為觸診起始位置。在確認了豌豆骨的位置之後，要進行腕關節的掌屈和尺屈運動，並且對附著於豌豆骨的尺側屈腕肌肌腱進行觸診。

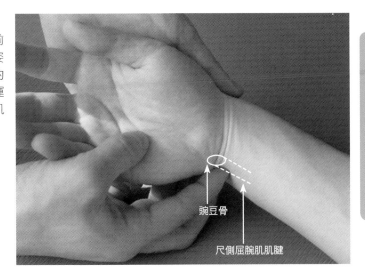

豌豆骨

尺側屈腕肌肌腱

Ⅳ
肌肉

207

圖4-16　尺側屈腕肌的觸診②

將病患的小指掌骨基部被動地往肱骨內上髁的方向，反覆做最短距離的接近運動，讓病患完全了解尺側屈腕肌的固有運動。接著，慢慢地轉換成由病患進行主動運動，診療者往近側方向觸診尺側屈腕肌肌腱。

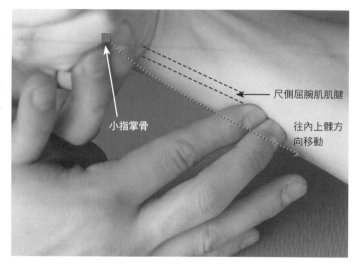

尺側屈腕肌肌腱

小指掌骨

往內上髁方向移動

圖4-17　尺側屈腕肌的觸診③

在前臂遠側1/3的位置，尺側屈腕肌肌腱會從肌腱轉換成肌腹。在仔細觸診「尺側屈腕肌的肌肉肌腱交接處」的時候，要同時觸診「通過尺側屈腕肌橈側的掌長肌」以及「尺側屈腕肌和掌長肌之間的肌間」。圖中顯示診療者正在觸診尺側屈腕肌和掌長肌之間的肌間。

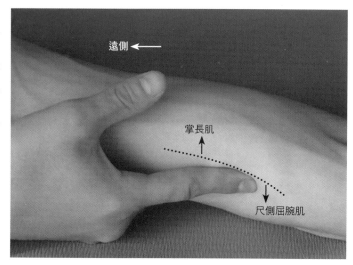

遠側

掌長肌

尺側屈腕肌

圖4-18　尺側屈腕肌的觸診④

診療者可以利用小指外展肌在收縮過程中所產生的固定化作用來對尺側屈腕肌進行觸診。將手指放在病患的豌豆骨上，讓病患反覆進行小指外展運動。尺側屈腕肌會在小指外展運動的過程中出現緊繃現象，診療者要往近側方向對尺側屈腕肌肌腱進行觸診。

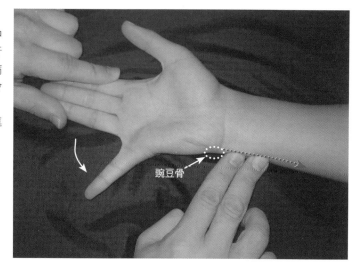

豌豆骨

橈側伸腕長肌 extensor carpi radialis longus muscle
橈側伸腕短肌 extensor carpi radialis brevis muscle

解剖學上的特徵

● **橈側伸腕長肌**

[起端] 從外上髁嵴到肱骨外上髁的範圍

[止端] 食指的掌骨基部背側

[支配神經] 橈神經深枝（C6、C7）

● **橈側伸腕短肌**

[起端] 肱骨外上髁的總伸肌腱、外側副韌帶、橈骨環狀韌帶

[止端] 中指的掌骨基部背側

[支配神經] 橈神經深枝（C6、C7）

● 橈側伸腕短肌肌腱通過了橈骨背結節（dorsal tubercle of Lister）的橈側。

● 在腕關節的近側的背側，外展拇長肌和伸拇短肌的肌腹會橫越橈側伸腕長、短肌的上方而延伸著，並進入伸指肌的深層部位。

肌肉功能的特徵

● 橈側伸腕長肌作用於腕關節背屈和橈屈，在肘關節則會作用於肘關節的屈曲運動。

● 橈側伸腕短肌也是作用於腕關節背屈和橈屈，但是因為其止端是在中指掌骨基部，所以和橈側伸腕長肌相比，橈屈的功能比較弱。

臨床相關

● 外側肱骨髁上炎（俗稱網球肘）是指起始於外上髁的肌腱，發生了著骨點發炎（enthesopathy）。其疼痛的產生和橈側伸腕短肌有很大的關係。橈側伸腕長肌則因為沒有附著於外上髁，所以不是引發疼痛的原因。

● 針對外側上髁炎所進行的保守療法是對橈側伸腕短肌進行個別伸展，此療法可以有效改善症狀。此外，網球護肘帶則是為了減輕橈側伸腕短肌的收縮張力，所使用的一種矯具治療。

● 後骨間神經麻痺（旋後肌症候群）最明顯的臨床特徵，就是呈現手腕無法下垂，反而有手指下垂的狀態。之所以會有這種狀態出現，是因為神經在進入旋後肌內部之前，其神經枝分布於橈側伸腕長肌和橈側伸腕短肌，神經為了不會失去功能而引發的現象。

相關疾病

外側肱骨髁上炎（網球肘）、橈側伸腕長肌肌腱斷裂、橈側伸腕短肌肌腱斷裂、後骨間神經麻痺等等。

IV
肌
肉

圖4-19　橈側伸腕長肌和橈側伸腕短肌的走向

橈側伸腕長肌起始於外上髁嵴至肱骨外上髁的範圍，止於食指的掌骨基部背側。橈側伸腕短肌則起始於肱骨外上髁、外側副韌帶、橈骨環狀韌帶，止於中指的掌骨基部背側。雖然各自作用於腕關節的背屈和橈屈，但橈側伸腕長肌的橈屈功能較強。此外，橈側伸腕長肌也能輔助肘關節屈曲。

橈側伸腕長肌　　　　橈側伸腕短肌

圖4-20　橈骨背結節周圍的腱的走向

橈側伸腕短肌肌腱延伸在橈骨背結節的橈側旁邊，且橈側伸腕短肌肌腱的橈側有橈側伸腕長肌肌腱並排延伸著。橈骨背結節的尺側則有伸拇長肌肌腱經過。

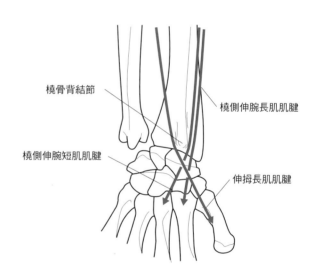

橈骨背結節

橈側伸腕長肌肌腱

橈側伸腕短肌肌腱

伸拇長肌肌腱

圖4-21　橈側伸腕長、短肌肌腱、伸拇短肌肌腱和外展拇長肌在解剖學上的關係

位在腕關節近側區域的橈側伸腕長、短肌肌腱，會通過伸拇短肌和外展拇長肌所構成的通道並往遠側延伸，最後止於食指和中指的掌骨基部背側。

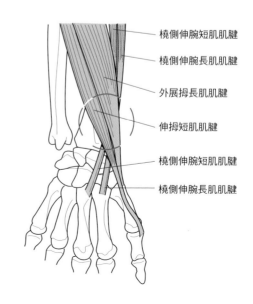

橈側伸腕短肌肌腱

橈側伸腕長肌肌腱

外展拇長肌肌腱

伸拇短肌肌腱

橈側伸腕短肌肌腱

橈側伸腕長肌肌腱

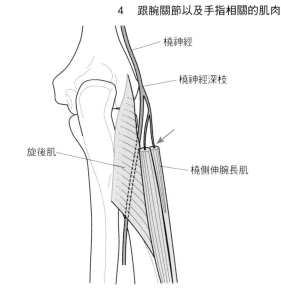

圖4-22　在後骨間神經麻痺時，手腕之所以無法下垂的原因。

後骨間神經麻痺是發生在旋後肌部位的絞扼性神經障礙，其會造成「手腕無法下垂，而手指卻出現下垂」的現象。這個現象是橈神經深枝在貫穿旋後肌之前，支配了橈側伸腕長、短肌（→）所導致的結果。

（圖中標示）橈神經、橈神經深枝、旋後肌、橈側伸腕長肌

圖4-23　橈側伸腕長肌的觸診①

橈側伸腕長肌的觸診起始位置為「病患的前臂呈旋前位、手掌放在桌子上」。以被動的方法，使病患的食指掌骨基部往外上髁嵴的方向，反覆進行最短距離的接近運動，並確認橈側伸腕長肌的固有運動。

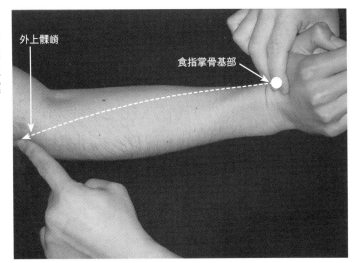

（圖中標示）外上髁嵴、食指掌骨基部

圖4-24　橈側伸腕長肌的觸診②

在了解橈側伸腕長肌的固有運動之後，接著慢慢轉換成由病患主動進行運動。往食指掌骨基部稍微施加抵抗，往近側方向觸診橈側伸腕長肌肌腱。

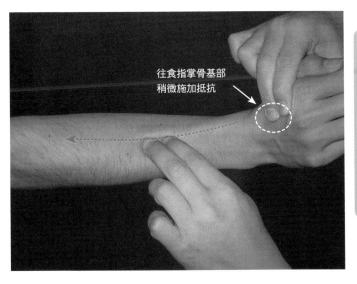

（圖中標示）往食指掌骨基部稍微施加抵抗

IV　肌肉

211

圖4-25 橈側伸腕短肌的觸診①

以被動形式使中指掌骨基部能用最短距離往外上髁接近，讓病患了解橈側伸腕短肌的固有運動，接著慢慢轉換成由病患主動進行運動，並誘發橈側伸腕短肌產生收縮。

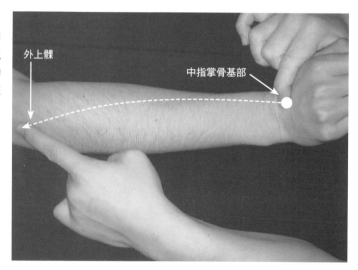

外上髁

中指掌骨基部

圖4-26 橈側伸腕短肌的觸診②

橈側伸腕短肌肌腱會通過橈骨背結節的橈側旁邊。診療者得先確認橈骨背結節的位置，然後將手指放在橈骨背結節橈側並進行觸診。若是往中指掌骨基部稍微施加抵抗，橈側伸腕短肌就會增強收縮，如此便更容易觸診出其位置。

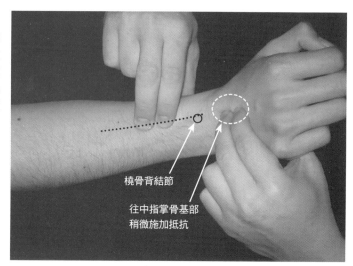

橈骨背結節

往中指掌骨基部
稍微施加抵抗

圖4-27 辨別橈側伸腕長、短肌

如果要分辨橈側伸腕長、短肌的肌間，就必須使橈側伸腕長、短肌產生運動。診療者要往食指掌骨基部和中指掌骨基部方向交互施加抵抗，使二條肌肉的收縮有強弱之分，如此就能觸診到其間隙。此外，伸指肌則是並列在橈側伸腕短肌的尺側。

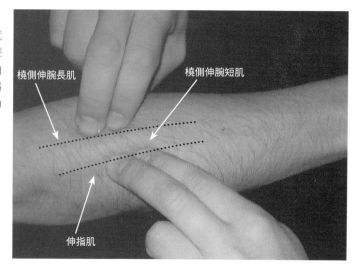

橈側伸腕長肌

橈側伸腕短肌

伸指肌

尺側伸腕肌 extensor carpi ulnaris muscle

解剖學上的特徵

● [起端] 肱骨外上髁、尺骨的後面上方部位

　　[止端] 小指的掌骨基部背側

　　[支配神經] 橈神經（C6～C8）

● 在前臂從旋後變成旋前時，尺側伸腕肌的走向會變成越過尺骨莖突基底的隆起部位。

肌肉功能的特微

● 尺側伸腕肌在腕關節只會對尺側屈曲產生作用，這是因為尺側伸腕肌腱在橈腕關節區域通過了屈伸軸的背側，在腕中關節區域則是通過屈伸軸的掌側，故使得尺側伸腕肌的功能被互相抵銷。

臨床相關

● 尺側伸腕肌腱腱鞘炎大多發生在經常進行翻傳票等工作的行政人員身上。此疾病起因於旋後、旋前運動，使尺側伸腕肌腱的走向發生變化所致，機械性壓力就是尺側伸腕肌腱腱鞘炎病發原因。

● 外側肱骨髁上炎所引發的疼痛部位大多為橈側伸腕短肌或伸指肌。然而一部份病例引發疼痛的原因則是和尺側伸腕肌有關。

相關疾病

尺側伸腕肌腱腱鞘炎、尺側伸腕肌腱脫位、尺側伸腕肌腱斷裂、外側肱骨髁上炎等等。

Ⅳ
肌
肉

圖4-28　尺側伸腕肌的走向

尺側伸腕肌起始於肱骨外上髁、尺骨的後面上方部位，並止於小指的掌骨基部背側。雖然稱為伸腕肌，卻幾乎沒有腕關節的背屈作用，而只是參與尺屈運動。在肘關節，尺側伸腕肌則是擁有輔助性的伸展作用。

圖4-29　在進行旋前、旋後運動時，
　　　　　尺側伸腕肌腱所產生的動作

當前臂呈旋前位時，尺側伸腕肌腱會通過位在尺骨莖突橈側的尺側伸腕肌腱溝。當前臂旋後時，尺側伸腕肌腱會往尺側方向移動，並越過（over-ride）尺骨莖突基底的隆起部位。以上所述被認為是引起尺側伸腕肌腱腱鞘炎的病因。

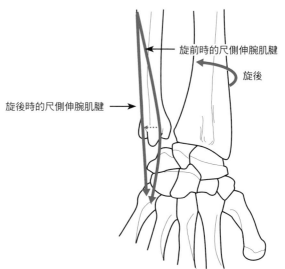

旋前時的尺側伸腕肌腱

旋後

旋後時的尺側伸腕肌腱 →

圖4-30　運動軸和尺側伸腕肌腱之間
　　　　　的關係

尺側伸腕肌腱在橈腕關節通過了屈伸軸的背側，並作用於背屈，在腕中關節則是通過屈伸軸的掌側，作用於掌屈。這些作用會互相抵銷，使得尺側伸腕肌只作用於尺屈運動。

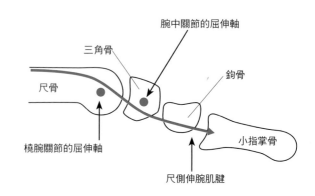

腕中關節的屈伸軸

三角骨

鉤骨

尺骨

小指掌骨

橈腕關節的屈伸軸

尺側伸腕肌腱

圖4-31 尺側伸腕肌的觸診①

讓病患的前臂呈旋前位，手掌放置於桌子上，以此姿勢作為觸診起始位置。對病患的莖突進行觸診，接著觸摸尺骨頭並往橈側方向越過的話，就能觸摸到尺側伸腕肌腱溝。

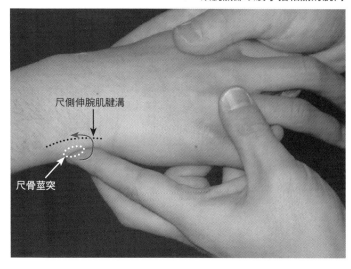

尺側伸腕肌腱溝

尺骨莖突

圖4-32 尺側伸腕肌的觸診②

診療者將手指放在病患的尺側伸腕肌腱溝周圍，並讓病患反覆進行尺屈運動。此時，小指並不會隨著尺屈進行伸展。接下來的重點就在於要沿著桌子進行單純的尺屈運動。在運動的過程中，往近側方向觸診尺側伸腕肌。

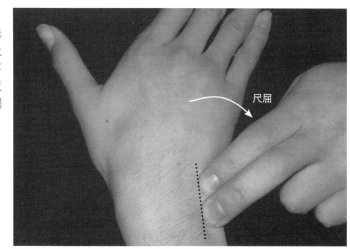

尺屈

圖4-33 尺側伸腕肌的觸診③

進行觸診時，手指沿著尺側伸腕肌慢慢地移動至肌腹。因為其橈側的旁邊就是伸小指肌，所以腕關節的尺屈和小指的伸展不能同時進行，這點要注意。難以分辨肌間時，就交互進行尺屈和小指掌指關節的伸展。當這個動作重覆進行時，要進行分辨就變得很容易了。

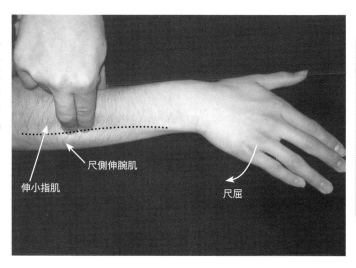

伸小指肌

尺側伸腕肌

尺屈

Ⅳ
肌肉

伸指肌 extensor digitorum muscle

解剖學上的特徵

● **[起端]** 肱骨外上髁的總伸肌腱、外側副韌帶、橈骨環狀韌帶、前臂筋膜

[止端] 停止於食指至小指的近節指骨基部，接著會作為中心束（central band）而止於中節指骨基部；在止於中節指骨之前會延伸成外側束（lateral band），作為腱止點（terminal tendon）止於遠節指骨。

[支配神經] 橈神經（C6～C8）

● 伸指肌所延伸出來的外側束（lateral band）會和蚓狀肌、掌側骨間肌、背側骨間肌的肌腱相交會，並共同參與近端指骨間關節、遠端指骨間關節的伸展運動。

● 伸指肌腱會通過由伸肌支持帶所構成的第四間隔。

● 位在遠側的伸指肌腱在越過腕關節之後，會分別往食指到小指的方向延伸，而且各個肌腱會藉著腱間結合而被固定住。

肌肉功能的特徵

● 伸指肌會使食指至小指部位的掌指關節伸展，在肘關節則是作用於輔助性伸展。

● 近端指骨間關節、遠端指骨間關節的伸展，則是由伸指肌和手內部肌的聯合作用所完成的。進行近端指骨間關節、遠端指骨間關節的伸展時，要使伸指肌位於良好的位置，而關鍵就在於掌指關節要呈屈曲。若是掌指關節呈伸展，中心束、外側束就會出現鬆弛並喪失功能。

● 伸指肌雖然擁有對應各個手指肌腱的肌束，但是卻非常缺乏獨立性。與其說是伸指肌讓手指能個別地進行伸展，不如說伸指肌是對從食指到小指整體的伸展產生作用，這樣的說法還比較恰當。

臨床相關

● 在上肢產生外傷後，對橈神經麻痺進行檢查時的觀察重點，就在於手指是否能伸展，其中特別重要的是要觀察掌指關節是否能完全伸展。有時，近端指骨間關節等部位會因手內部肌的參與而可以進行伸展，因此無法察覺麻痺的存在。

● 在外側肱骨髁上炎裡，伸指肌和橈側伸腕短肌經常是引發疼痛的原因。

● 要完全回復握力，重點在強化屈指深肌和屈指淺肌，此外，作用為固定腕關節的伸指肌也有強化的必要。

相關疾病

伸指肌腱斷裂、外側肱骨髁上炎、橈神經麻痺、後骨間神經麻痺等等。

圖4-34　伸指肌的走向

伸指肌起始於肱骨外上髁，止於食指到小指的遠節指骨基部。基本上，伸指肌是作用於手指伸展和腕關節背屈，在肘關節則是參與輔助性伸展。途中，伸指肌腱會先附著於近節指骨基部，接著伸指肌腱會分為三條肌腱，之後再形成中心束（central band）附著於中節指骨基部。中央的肌腱會直接止於中節指骨基部，此外二條肌腱會作為外側束（lateral band）止於遠節指骨基部。外側束會和蚓狀肌、掌側骨間肌、背側骨間肌的肌腱交會，並共同參與近端指骨間關節、遠端指骨間關節的伸展運動。

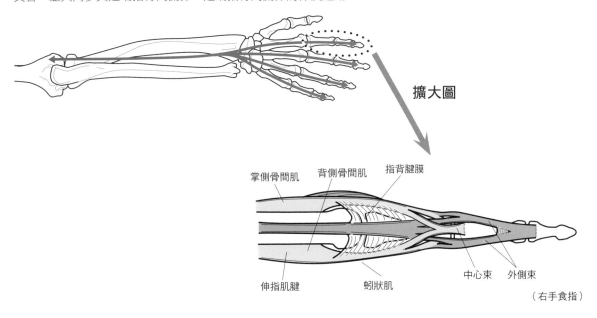

擴大圖

掌側骨間肌　背側骨間肌　指背腱膜

伸指肌腱　蚓狀肌　中心束　外側束

（右手食指）

圖4-35　將伸指肌腱固定起來的腱間結合

伸指肌腱在通過了伸肌支持帶之後會立刻往食指至小指的方向延伸，而所延伸開來的肌腱則是藉由腱間結合來進行固定。食指、小指一固定於屈曲位，就會被腱間結合拉引到末梢位置進行固定，因此要讓附著於掌指關節的肌腱鬆弛並進行掌指關節自動伸展，是不可能的。中指、無名指若是固定於屈曲位，也會發生相同的情況。但是食指和小指也存在著固有伸肌，因此還是可以進行掌指關節自動伸展。

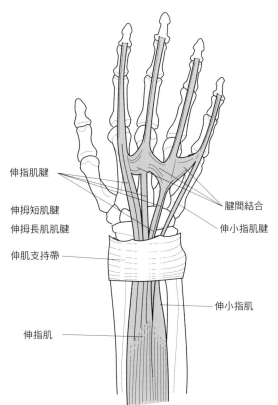

伸指肌腱

伸拇短肌腱
伸拇長肌肌腱

伸肌支持帶

伸指肌

腱間結合

伸小指肌腱

伸小指肌

IV
肌肉

217

圖4-36 近端指骨間關節、遠端指骨間關節的伸展結構

位於近端指骨間關節、遠端指骨間關節的伸展動作在進行時是以伸指肌和蚓狀肌為主。伸指肌和蚓狀肌會與狹義的手內部肌進行聯合運動而共同完成伸展動作。當掌指關節呈伸展位時，其中心束為鬆弛狀態，相反地，手內部肌則是呈現拉緊的狀態，故此時近端指骨間關節的伸展是由手內部肌所進行。當掌指關節呈屈曲位時，手內部肌為鬆弛狀態，而伸指肌腱則呈拉緊的狀態，此時，近端指骨間關節的伸展則是由伸指肌腱所進行的。

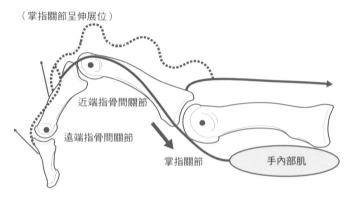

（掌指關節呈伸展位）

近端指骨間關節
遠端指骨間關節
掌指關節
手內部肌

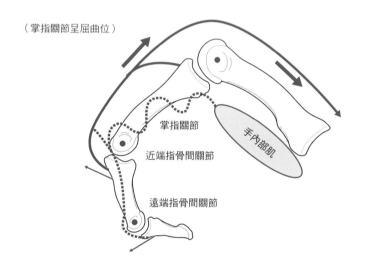

（掌指關節呈屈曲位）

掌指關節
近端指骨間關節
遠端指骨間關節
手內部肌

圖4-37 伸指肌的觸診①

讓病患的前臂呈旋前，手掌置於桌上，食指和小指固定於屈曲位，以此姿勢作為觸診起始位置。

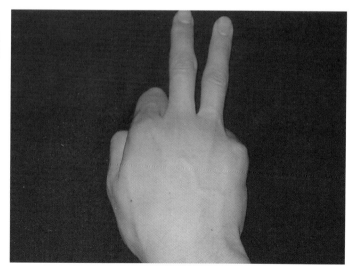

圖4-38　伸指肌的觸診②

使病患中指和無名指的掌指關節進行伸展，便能在病患的手背明顯觀察到伸指肌腱從第四間隔開始往每根手指延伸的情況（→）。

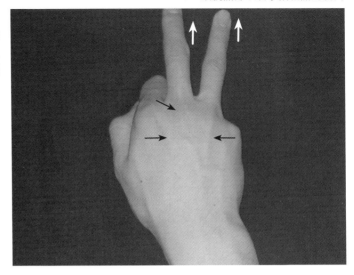

圖4-39　伸指肌的觸診③

不只要追蹤中指和無名指的伸指肌腱，因為往食指和小指方向延伸的伸指肌腱也會隨著手指伸展而產生拉緊的狀態，所以在這裡要一起進行觸診。

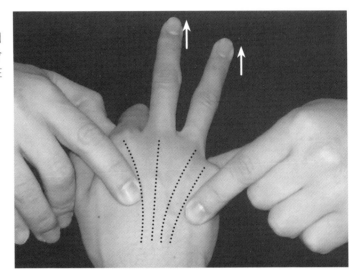

圖4-40　伸指肌的觸診④

沿著伸指肌腱往近側方向進行觸診。觸診肌腹時要注意是否只有中指和無名指進行伸展，而且若是出現腕關節背屈運動，就可以繼續進行觸診。在尺側，有伸小指肌。在橈側，則是有橈側伸腕短肌。

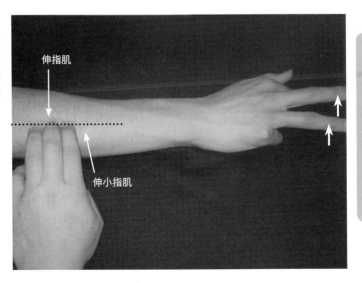

伸指肌

伸小指肌

IV
肌肉

伸食指肌 extensor indicis muscle

解剖學上的特徵

● **[起端]** 尺骨遠側的骨幹背側、前臂骨間膜
　[止端] 伸指肌腱往食指方向的延伸部位
　[支配神經] 橈神經（C6～C8）
● 伸食指肌、伸拇長肌和外展拇長肌都是前臂伸肌群的內層肌肉。
● 在起始於尺骨的前臂伸肌群之中，伸食指肌是起始於最遠側的位置。
● 伸食指肌肌腱在腕關節遠側的走向，是位於伸指肌腱的尺側。

肌肉功能的特徵

● 伸食指肌能使食指的掌指關節、近端指骨間關節、遠端指骨間關節進行伸展。在腕關節的作用則是輔助腕關節背屈。

臨床相關

● 在對伸拇長肌肌腱斷裂做治療時，外科通常是採取端對端縫合手術。但是，如果所要縫合的肌腱狀況十分糟糕時，則多數會利用伸食指肌肌腱來進行肌腱轉移手術。

相關疾病

伸食指肌肌腱斷裂、伸拇長肌肌腱斷裂、橈神經麻痺、後骨間神經麻痺等等。

圖4-41　伸食指肌的走向

伸食指肌起始於尺骨遠側的骨幹背側，以及前臂骨間膜，並止於伸指肌腱往食指方向的延伸部位（近節指骨基部、中節指骨基部、末節指骨基部）。作用於食指掌指關節、近端指骨間關節、遠端指骨間關節的伸展，以及參與輔助腕關節背屈。

圖4-42 起始於尺骨的前臂內層肌肉群的附著位置

伸食指肌為前臂伸肌群的其中一條內層肌肉，起始於尺骨。在這些內層肌肉之中起始於最遠側的就是伸食指肌。在伸食指肌近側依序還有伸拇長肌和外展拇長肌並列著。

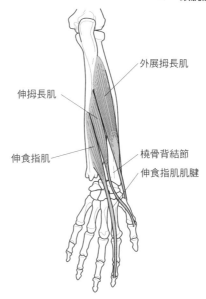

外展拇長肌

伸拇長肌

伸食指肌

橈骨背結節

伸食指肌肌腱

圖4-43 伸食指肌的觸診①

觸診的起始位置為「讓病患的前臂呈旋前位，手掌置於桌面，食指以外的手指都固定於屈曲位」。

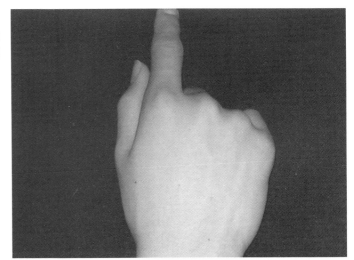

圖4-44 伸食指肌的觸診②

讓病患食指的掌指關節進行伸展的話，就能確認往食指方向延伸的伸食指肌肌腱位置。在伸食指肌肌腱的旁邊，可以看到以蛇行方式延伸的肌腱(→)，那就是被腱間結合所牽引的伸指肌腱。

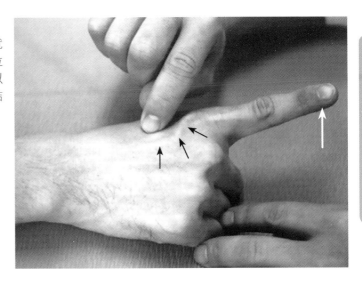

IV
肌肉

221

圖4-45 伸食指肌的觸診③

讓病患反覆進行食指的伸展運動。一邊注意蛇行的伸指肌腱，一邊往第四間隔方向直線移動，以此法對伸食指肌肌腱進行觸診。

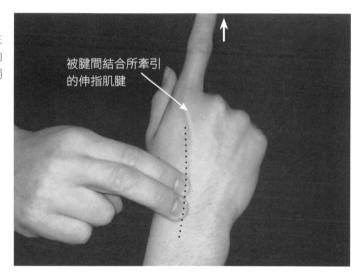

被腱間結合所牽引的伸指肌腱

圖4-46 伸食指肌的觸診④

往近側方向觸診伸食指肌肌腱，在通過伸肌支持帶的地方會出現有點難觸摸到的伸食指肌肌腱拉緊的狀態，因此要特別注意。在越過腕關節的近側部位，肌腱會開始往伸指肌的深部延伸，因此診療者的手指要稍微加強壓迫，並在運動過程中藉由感覺肌腹從深部突起的方式來進行觸診。

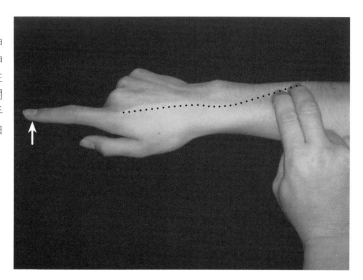

後骨間神經麻痺

理論上，雖然感覺麻痺並不會發生，但卻曾有感覺異常的報告[9-11]被提出來。在運動麻痺方面，腕關節雖然可以進行背屈運動，但是拇指的伸展、外展，以及食指～無名指的掌指關節的伸展，則會無法進行或是功能下降（手指下垂）。反覆進行旋前、旋後運動時，會因為壓力而產生疼痛。

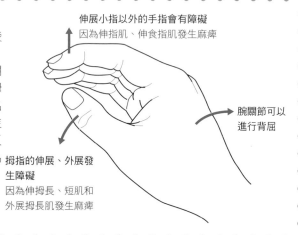

伸展小指以外的手指會有障礙
因為伸指肌、伸食指肌發生麻痺

腕關節可以進行背屈

拇指的伸展、外展發生障礙
因為伸拇長、短肌和外展拇長肌發生麻痺

伸小指肌 extensor digiti minimi muscle

解剖學上的特徵

● **[起端]** 肱骨外上髁

　[止端] 伸指肌腱往小指方向的延伸部位

　[支配神經] 橈神經（C6～C8）

● 伸小指肌沿著伸指肌尺側延伸，是前臂伸肌群裡的其中一條表層肌肉。

● 伸小指肌肌腱會通過第五間隔。

肌肉功能的特微

● 伸小指肌作用於小指掌指關節、近端指骨間關節、遠端指骨間關節的伸展。伸小指肌和腕關節，以及肘關節的關係則為輔助性質，伸小指肌會分別作用於兩個關節的背屈和伸展。

臨床相關

● 在遠橈尺關節脫臼的病例裡，伸小指肌肌腱大多會出現摩擦抵抗增加，而造成肌腱斷裂的現象。

● 得到類風濕性關節炎的時候，會增加對滑膜炎的影響，而使退化性破裂的病例增加。

相關疾病

伸小指肌肌腱斷裂、橈神經麻痺、後骨間神經麻痺、類風濕性關節炎[參考p.225]等等。

圖4-47　伸小指肌的走向

伸小指肌起始於肱骨外上髁，往伸指肌的
尺側延伸，並止於伸指肌腱往小指方向的
延伸部位。作用於小指掌指關節、近端指
骨間關節、遠端指骨間關節的伸展，並輔
助腕關節背屈及肘關節伸展。

IV
肌
肉

圖4-48　由伸肌支持帶所構成的六個間隔（compartment），和通過間隔的肌腱

當前臂的伸肌群通過腕關節的時候，伸肌群會分別通過由伸肌支持帶所構成的六個間隔（compartment）內部。和小指伸展有關的伸指肌肌腱會通過第四間隔，而伸小指肌肌腱則會通過第五間隔。進行觸診時，這是個重要的解剖學知識。

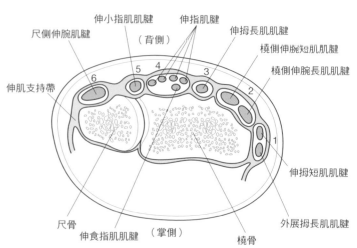

圖4-49　伸小指肌的觸診①

病患的前臂呈旋前位，手掌放置於桌面上，並將小指以外的手指都固定於屈曲位，以此姿勢作為觸診起始位置。

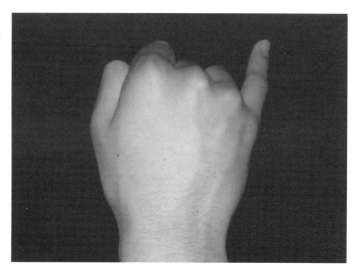

圖4-50　伸小指肌的觸診②

讓病患的小指掌指關節進行伸展，便能判別往小指方向延伸的伸小指肌肌腱。往小指方向延伸的伸指肌肌腱會延伸至腕關節中央的第四間隔，而伸小指肌肌腱則會往位在尺骨頭橈側的第五間隔進行延伸。

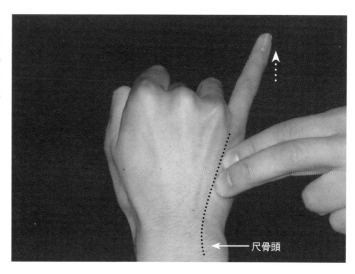

224

圖4-51　伸小指肌的觸診③

伸小指肌肌腱通過位於尺骨頭橈側的第五間隔之後，手指就繼續沿著伸小指肌肌腱往近側方向進行觸診，一直觸診至外上髁部位。伸小指肌是沿著伸指肌尺側而延伸的，所以在進行觸診的同時也要確認伸小指肌與伸指肌之間的肌間。

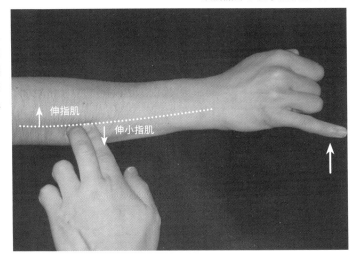

伸指肌

伸小指肌

Skill Up

類風濕性關節炎的特徵性手指變形

類風濕性關節炎是指病患全身關節出現發炎症狀的疾病，病患在感到強烈疼痛的同時會出現特徵性變形。發生在手指的特徵性變形，有①尺側偏移②天鵝頸變形③鈕扣孔變形④Z字變形。這些變形若持續發展下去，則會連進食、書寫等日常動作都有困難，明顯限制生活品質。

屈曲　　過度伸展

尺側偏移

尺側偏移

從食指到小指的這幾根手指，都以掌指關節為中心並偏向尺側方向。

天鵝頸變形

這種變形融合了遠端指骨間關節的屈曲變形，和近端指骨間關節的過度伸展。因為看起來很像天鵝的頭型，故以此為名。

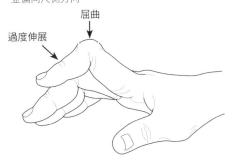

過度伸展　　屈曲

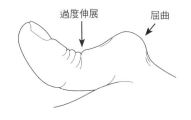

過度伸展　　屈曲

鈕扣孔變形

這種變形融合了遠端指骨間關節的過度伸展，和近端指骨間關節的屈曲變形。因為看起來很像鈕扣孔，故以此為名。

Z字變形

這種變形融合了指骨間關節的過度伸展，和掌指關節的屈曲變形。

IV
肌肉

伸拇長肌 extensor pollicis longus muscle

解剖學上的特徵

- **[起端]** 尺骨骨幹背側（伸食指肌和外展拇長肌之間）

  [止端] 拇指末節指骨基部的背側

  [支配神經] 橈神經（C6、C7）
- 伸拇長肌是前臂伸肌群裡的其中一條內層肌肉。
- 伸拇長肌肌腱會將橈骨背結節當作滑車，並參與拇指的運動。
- 伸拇長肌肌腱會通過第三間隔。
- 伸拇長肌肌腱是構成鼻煙壺（snuff box）尺側的肌腱。
- 伸拇長肌肌腱會通過拇指腕掌關節（CM關節）的背側正上方。

肌肉功能的特徵

- 伸拇長肌作用於拇指掌指關節、指骨關節的伸展，並能輔助腕關節的背屈運動。
- 當手掌置於桌上時，伸拇長肌會參與拇指直線舉起的動作。此動作是在腕掌關節所進行的伸展運動，此動作是藉由伸拇長肌肌腱通過腕掌關節的背側正上方而形成，其他的肌肉並無法完成這項動作。

臨床相關

- 伸拇長肌肌腱的變形斷裂病例，大多是伸拇長肌肌腱在橈骨背結節部位產生摩擦所致。
- 發生橈骨遠端骨折之後，若橈骨是在背側移位變形的狀況下獲得痊癒，則會造成橈骨背結節部位的機械性壓力增加，有時會導致伸拇長肌肌腱斷裂。

相關疾病

伸拇長肌肌腱斷裂、橈神經麻痺、後骨間神經麻痺、Colles骨折後畸形的治療等等

圖4-52　伸拇長肌的走向

伸拇長肌起始於尺骨骨幹背側（伸食指肌
和外展拇長肌之間），並會在橈骨背結節
尺側改變方向，止於拇指末節指骨基部的
背側。伸拇長肌能對拇指掌指關節、指骨
關節的伸展產生作用，也能輔助腕關節的
背屈運動。伸拇長肌通過了拇指腕掌關節
的背側正上方，所以是唯一會對腕掌關節
的伸展產生作用的肌肉。

圖4-53　伸拇長肌在腕掌關節的作用

從背面觀看，伸拇長肌通過了拇指腕掌關
節的正上方；從側面觀看，則是通過了背
側。因此，伸拇長肌在拇指腕掌關節所產
生的運動，是將拇指往背側方向直線舉
起。

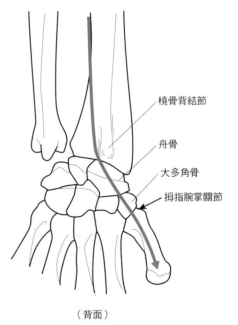

橈骨背結節

舟骨

大多角骨

拇指腕掌關節

（背面）

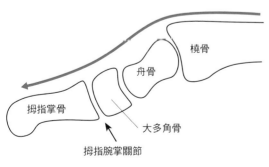

橈骨

舟骨

拇指掌骨

大多角骨

拇指腕掌關節

（橈側面）

IV
肌
肉

圖4-54 伸拇長肌的觸診①

病患的前臂呈旋前位,手掌置於桌上,以此姿勢作為觸診的起始位置。接著,讓拇指維持內收姿勢並從桌面往上方直線舉起,並進行腕掌關節的伸展運動。在運動的過程中,從手背的橈側便能明顯看出伸拇長肌肌腱的所在位置(→)。

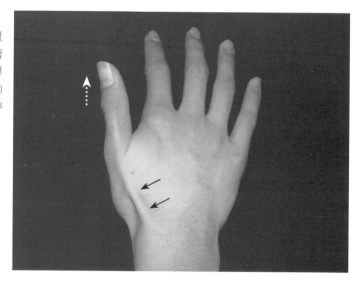

圖4-55 伸拇長肌的觸診②

在進行拇指腕掌關節的伸展運動時,重點在於不要讓拇指進行橈側外展運動。由於伸拇短肌會參與橈側的外展(→)之緣故,所以從前臂背側對肌腹進行觸診時便會出現困難。圖中手指所示即為伸拇長肌。

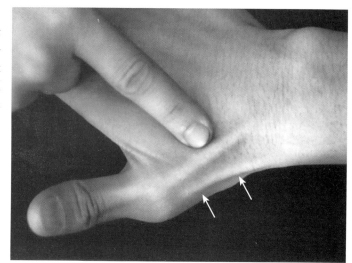

圖4-56 伸拇長肌的觸診③

在拇指腕掌關節伸展運動中,沿著所觀察到的伸拇長肌肌腱,往近側方向進行觸診。觸診時,當通過第三間隔的時候,肌腱會隨運動而緊繃,因此不容易觸摸到,這點必須注意。進入伸指肌的內層之後,診療者的手指要稍微加強壓迫,並利用手指在肌肉收縮的過程被深部肌肉抬起的感覺來進行觸診。

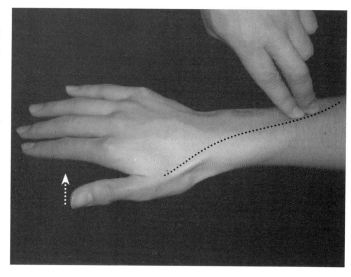

伸拇短肌 extensor pollicis brevis muscle

解剖學上的特徵

● **[起端]**橈骨骨幹背側的遠側1/3位置、前臂骨間膜

　[止端] 拇指近節指骨基部的背側

　[支配神經] 橈神經（C6、C7）

● 伸拇短肌是前臂伸肌群的內層肌肉之一。

● 位於腕關節近側區域的伸拇短肌，看起來像是壓住了橈側伸腕長肌肌腱、橈側伸腕短肌肌腱，並在此形成纏繞的狀態而進入伸指肌的內層。

● 伸拇短肌和外展拇長肌腱一起通過了第一間隔。

● 伸拇短肌腱是構成鼻煙壺（snuff box）橈側的肌腱。

● 橈動脈以及從橈神經分支出來的指背神經皆會通過鼻煙壺內部。

● 伸拇短肌腱會通過拇指腕掌關節（CM關節）的橈側。

肌肉功能的特徵

● 伸拇短肌主要是涉及拇指掌指關節的伸展，在腕關節則能輔助背屈運動。

● 當手掌維持平放在桌面的姿勢時，伸拇短肌會參與拇指往橈側展開的動作。此動作是在CM關節所進行的橈側外展運動，是藉由伸拇短肌腱通過CM關節的橈側而形成的運動。

臨床相關

● 在橈神經麻痺的病例裡，其肌肉復原是有順序的。通常，伸拇短肌比伸拇長肌還要早回復，這是因為在橈神經分布的順序裡，伸拇短肌的順序比伸拇長肌還要前面的緣故。

● 在de Quervain病裡[參考p.232]，伸拇短肌和外展拇長肌會共同成為疼痛的起因。在很多病例裡，不只是腱鞘部位會出現壓痛，就連肌腹也會有壓痛的感受。

相關疾病

伸拇短肌腱斷裂、橈神經麻痺、後骨間神經麻痺、de Quervain病等等。

IV
肌
肉

圖4-57 伸拇短肌的走向

伸拇短肌起始於橈骨骨幹背側的遠側1/3處
和前臂骨間膜，止於拇指近節指骨基部。
作用於拇指掌指關節伸展，並輔助腕關節
的背屈運動。此外，因為伸拇短肌腱會通
過拇指腕掌關節的橈側，因此橈側方向的
腕掌關節在進行外展運動時，伸拇短肌腱
會產生作用。

圖4-58 伸拇短肌和伸指肌、橈側伸腕長肌肌腱、橈側伸腕短肌肌腱之間的位置關係

伸拇短肌和外展拇長肌在腕關節近側的橈
側位置，會共同壓制住橈側伸腕長、短肌
肌腱，並在此形成纏繞的狀態，並且進入
伸指肌的深層部位。

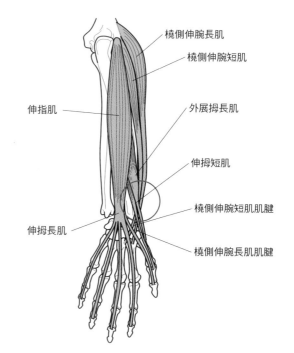

橈側伸腕長肌
橈側伸腕短肌
外展拇長肌
伸拇短肌
橈側伸腕短肌肌腱
橈側伸腕長肌肌腱
伸指肌
伸拇長肌

圖4-59 鼻煙壺（snuff box）的周邊解剖

伸拇短肌腱和伸拇長肌腱一起形成了鼻煙
壺（snuff box），此部位在解剖學裡是個
很重要的地方。橈動脈以及從橈神經淺枝
分歧出來的指背神經等組織會通過這裡。
此外，在鼻煙壺的正下方有舟骨，如果這
個部位出現強烈壓痛的話，有可能是舟骨
骨折。

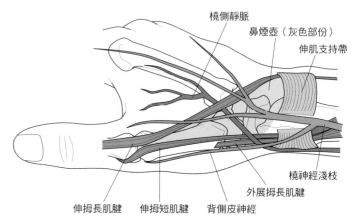

橈側靜脈
鼻煙壺（灰色部份）
伸肌支持帶
橈神經淺枝
外展拇長肌腱
伸拇長肌腱
伸拇短肌腱
背側皮神經

圖4-60 伸拇短肌在腕掌關節的作用

從背面觀看伸拇短肌,它通過了拇指腕掌關節的橈側;從側面觀看,則會見到它通過了橈側。因此,伸拇短肌在拇指腕掌關節所產生的運動,是將拇指往橈側方向直線展開(橈側外展運動)。

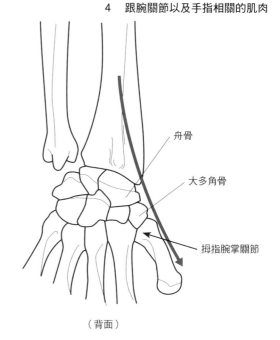

舟骨

大多角骨

拇指腕掌關節

(背面)

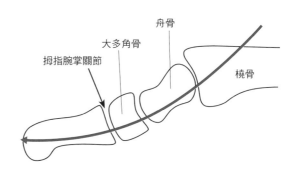

大多角骨

舟骨

拇指腕掌關節

橈骨

(橈側面)

圖4-61 伸拇短肌的觸診①

觸診的起始位置為病患前臂呈旋前位、手掌置於桌子上,拇指呈內收位。接著,在拇指觸摸桌面的狀態下,進行拇指腕掌關節的橈側外展運動。

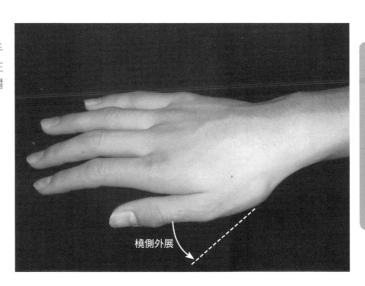

橈側外展

IV 肌肉

231

圖4-62 伸拇短肌的觸診②

在進行橈側外展運動的過程中，從手背橈側能觀察到伸拇短肌腱。診療者的手指一定要放在伸拇短肌腱的尺側進行觸診，這是為了不要誤觸並列在伸拇短肌腱橈側的外展拇長肌腱之故。

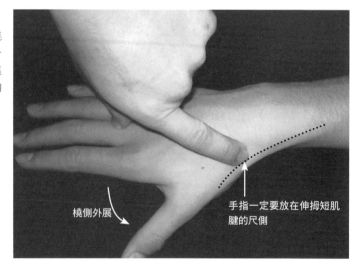

橈側外展

手指一定要放在伸拇短肌腱的尺側

圖4-63 伸拇短肌的觸診③

在拇指腕掌關節的橈側外展運動中，可觀察到伸拇短肌腱，診療者的手指要沿著伸拇短肌腱往近側方向進行觸診。觸診過程中，必須注意手指在通過第一間隔時，伸拇短肌腱會隨著橈側外展運動而緊繃，因此不容易觸摸到。通過伸肌支持帶之後，壓住橈側伸腕長、短肌肌腱並往背側對肌腹進行觸診。在進入伸指肌的內層部位之後，診療者的手指要稍微加強壓迫，在伸指肌收縮的過程中靠著手指被內層肌肉抬起的感覺來進行觸診。

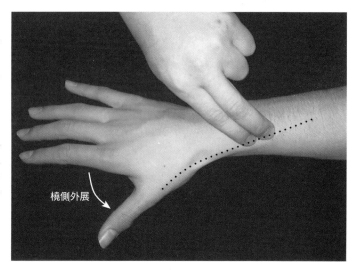

橈側外展

Skill Up

de Quervain病

de Quervain病是指，在伸拇短肌腱和外展拇長肌腱通過第一間隔的位置後，所發生的狹窄性肌腱滑膜炎。大多發生在長時間使用手的勞動者，一般必須經過長時間的治療。診斷de Quervain病的著名檢查方式為Finkelstein test。病患要將拇指緊握於手掌內側，對腕關節進行被動尺屈時會誘發疼痛。

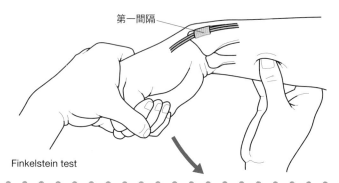

第一間隔

Finkelstein test

取自文獻12）

外展拇長肌 abductor pollicis longus muscle

解剖學上的特徵

- **[起端]**尺骨骨幹背側（旋後肌嵴的下方）、前臂骨間膜、橈骨骨幹背側
  [止端] 拇指掌骨基部的掌側
  [支配神經] 橈神經（C6、C7）
- 外展拇長肌是前臂伸肌群的內層肌肉之一。
- 位於腕關節近側區域的外展拇長肌，看起來像是壓住了橈側伸腕長肌肌腱、橈側伸腕短肌肌腱並纏繞在一起，然後外展拇長肌會和伸拇短肌一起進入伸指肌的內層。
- 外展拇長肌腱會和伸拇短肌腱一起通過第一間隔。
- 外展拇長肌會並列於伸拇短肌腱的橈側。
- 外展拇長肌會通過拇指腕掌關節（CM關節）的掌側。

肌肉功能的特微

- 外展拇長肌會作用於拇指腕掌關節的掌側外展，另外還能參與腕關節掌屈。

臨床相關

- 在橈神經麻痺的病例裡，因為在橈神經的分布範圍上，外展拇長肌比伸拇長肌以及伸拇短肌都更位於近側，所以外展拇長肌會比伸拇長肌以及伸拇短肌更快出現回復徵兆。在拇指進行外展時，因為被正中神經所支配的外展拇短肌能進行運動，所以並不能從拇指是否能進行外展動作來判斷患者是否有橈神經麻痺的狀況，而是必須觀察外展拇長肌有沒有完全收縮。
- 在de Quervain病裡[參考p.232]，外展拇長肌和伸拇短肌是造成疼痛的起因。在很多病例裡，不只在腱鞘部位會出現壓痛，就連肌腹部位也會出現壓痛的感受。

相關疾病

外展拇長肌腱斷裂、橈神經麻痺、後骨間神經麻痺、de Quervain病等等。

IV
肌肉

圖4-64　外展拇長肌的走向

外展拇長肌起始於尺骨骨幹背側（旋後肌嵴的下方）、前臂骨間膜及橈骨骨幹背側，止於拇指掌骨基部的掌側。外展拇長肌作用於拇指腕掌關節的掌側外展，在腕關節則能輔助掌屈運動。

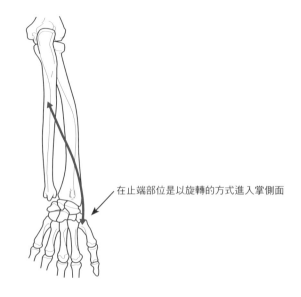

在止端部位是以旋轉的方式進入掌側面

圖4-65　外展拇長肌腱止端部位周圍的解剖

外展拇長肌腱和伸拇短肌腱一起通過了第一間隔之後，便沿著伸拇短肌腱的掌側延伸，並在越過拇指腕掌關節之後便旋轉進入掌骨基部的掌側。在進行觸診的時候，診療者的手指最好是放在掌側位置。

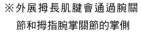

※外展拇長肌腱會通過腕關節和拇指腕掌關節的掌側

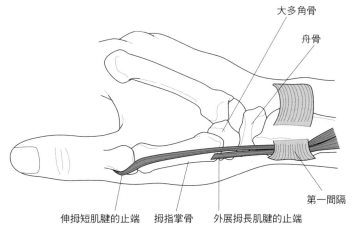

大多角骨

舟骨

第一間隔

伸拇短肌腱的止端　　拇指掌骨　　外展拇長肌腱的止端

圖4-66　外展拇長肌的觸診①

病患前臂呈中間位置，手的尺側部位要接觸桌面，以此姿勢作為觸診起始位置，並接著進行拇指腕掌關節的掌側外展運動。

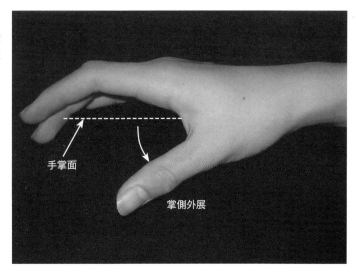

手掌面

掌側外展

圖4-67 外展拇長肌的觸診②

在運動的過程中,從腕關節橈側可以觀察到外展拇長肌腱。診療者要將手指放在外展拇長肌腱的掌側,這是為了不要誤觸延伸於外展拇長肌尺側的伸拇短肌腱。

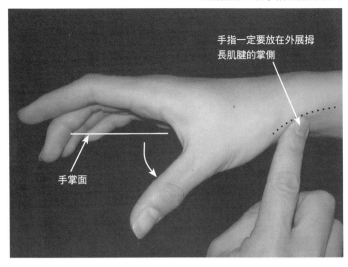

手指一定要放在外展拇長肌腱的掌側

手掌面

圖4-68 外展拇長肌的觸診③

在腕關節近側,外展拇長肌會和伸拇短肌並列,並且轉入前臂背側。接著外展拇長肌的走向像是壓住了橈側伸腕長、短肌肌腱,然後外展拇長肌會進入伸指肌的深層部位。

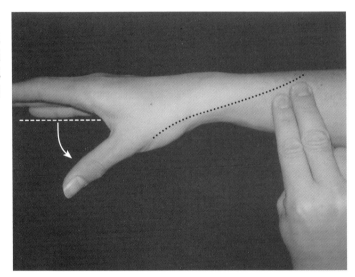

圖4-69 外展拇長肌的觸診④

觸診肌腹的時候,診療者的手指要稍微加強壓迫。在拇指腕掌關節進行掌側外展運動的過程中,藉由手指被深部肌肉提起來的感覺,往起端方向進行觸診。

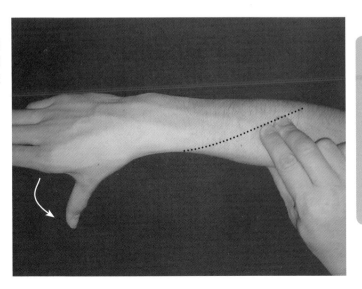

IV 肌肉

屈指淺肌 flexor digitrum superficialis muscle

解剖學上的特徵

● [起端]肱骨內上髁（肱頭）、尺骨粗隆（尺骨頭）、橈骨近側前方部位（橈骨頭）
　[止端]從食指到小指的中節指骨基部掌側
　[支配神經] 正中神經（C7～T1）
● 在前臂掌側的屈肌群裡，屈指淺肌是位於中間層。
● 在腕關節近側區域的屈指淺肌腱，是延伸於掌長肌肌腱的尺側旁邊。
● 在腕關節近側區域的屈指淺肌腱，其中往中指和無名指方向延伸的肌腱是位在淺層，往食指和小指方向延伸的肌腱則位於深層，而且這些屈指淺肌腱的位置是依序排列。
● 屈指淺肌在停止於中節指骨之前，肌肉會分裂為二條。而屈指深肌腱會通過屈指淺肌分裂時的中間部位。
● 屈指淺肌往小指方向延伸的肌腱，會有肌腱出現缺陷的特殊情況。

肌肉功能的特徵

● 屈指淺肌的主要功能是使近端指骨間關節屈曲，此外也參與掌指關節屈曲及腕關節掌屈。
● 屈指淺肌有一部份是起始於肱骨內上髁，而這部份的屈指淺肌會輔助肘關節屈曲。
● 屈指淺肌從食指到小指的四個肌束可以各自獨立進行收縮，換句話說，每根手指都可以進行近端指骨間關節的屈曲運動。

臨床相關

● 在評估屈指淺肌的原有肌力時，要將不進行評估的其它三根手指固定於伸展位，如此就能排除屈指深肌的活動。這個姿勢也可以用來診斷近端指骨間關節的屈曲力。
● 在進行手指屈曲時，正中神經完全麻痺的病患會出現只有小指和無名指能屈曲的現象，呈現類似進行祈禱的關節姿勢。此稱之為祈禱姿勢的動作是正中神經麻痺的特徵性症狀，該現象是由於尺側的二根屈指淺肌受到尺神經支配所致。

相關疾病

屈指淺肌腱斷裂、鈣化性肌腱炎[參考p.239]、扳機指[參考p.239]、弗克曼氏緊縮、屈曲指[參考p.239]、前骨間神經麻痺（正中神經高位麻痺）等等。

圖4-70　屈指淺肌的走向

屈指淺肌的起端有三個，分別是肱骨內上髁（肱頭）、尺骨粗隆（尺骨頭）和橈骨近側前方部位（橈骨頭），止於從食指至小指的中節指骨基部掌側。主要是作用於食指至小指的近端指骨間關節的屈曲，此外也會參與掌指關節屈曲以及腕關節掌屈。至於起始於肱骨內上髁的纖維，則是對肘關節的屈曲運動有些微的影響。

圖4-71　在腕關節區域的屈指淺肌腱走向

位於腕關節區域的屈指淺肌腱之走向是有特徵的。往中指和無名指方向的肌腱位於淺層，往食指和小指方向的肌腱位於深層，並依序排列而延伸。

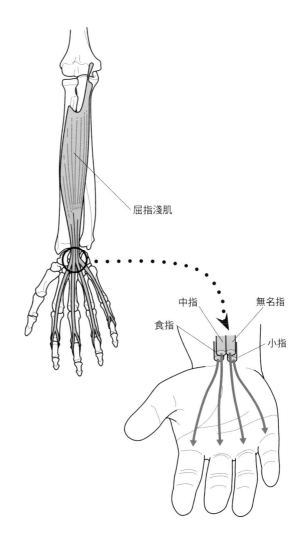

屈指淺肌

中指　無名指

食指　小指

IV 肌肉

237

圖4-72　屈指淺肌的觸診①

讓病患的前臂呈旋後位，手背置於桌上，以此姿勢作為觸診的起始位置。當診療者觸摸病患食指的屈指淺肌時，要將病患的中指、無名指、小指固定於伸展位。接著，進行食指的屈曲運動。

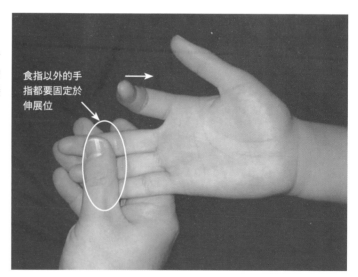

食指以外的手指都要固定於伸展位

圖4-73　屈指淺肌的觸診②

在確認過只有食指的近端指骨間關節在進行屈曲運動之後，診療者要將手指放置於病患食指近節指骨的掌側。在近端指骨間關節進行屈曲的過程中，對屈指淺肌腱的移動情況進行觸診。

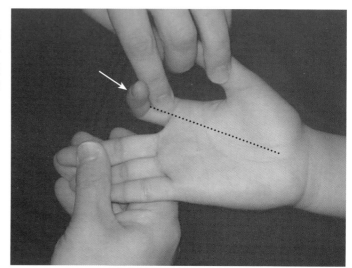

圖4-74　屈指淺肌的觸診③

接著，診療者要將手指放在病患掌長肌肌腱的尺側，並在食指近端指骨間關節進行屈曲運動的過程中，對屈指淺肌腱的緊繃現象進行觸診。接著，以中指為觸診對象進行同樣的動作，此時，緊繃的感受更為強烈。這是因為屈指淺肌腱往食指方向延伸的表層位置，就是屈指淺肌腱往中指方向延伸的位置所在，才會出現這樣的情形。

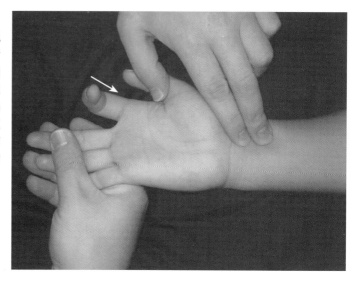

圖4-75 屈指淺肌的觸診④

在病患的掌長肌尺側觸摸屈指淺肌腱，並
順著屈指淺肌腱的緊繃狀態往前臂近側的
方向進行觸診。若肌腱的緊繃狀態方向是
往橈骨方向前進，就表示有正確觸摸到食
指的屈指淺肌。接著，依序對其他手指進
行觸診，對屈指淺肌的整體構造確認。

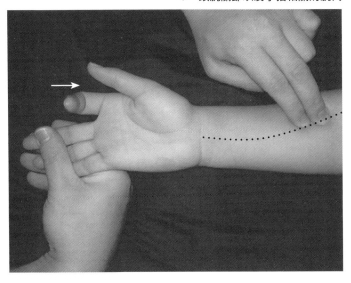

Skill Up

鈣化性肌腱炎
在肌腱的附著部位附近有鈣鹽沉澱，並
會出現強烈的發炎症狀。

扳機指（參考圖示）
屈指肌腱發生狹窄性腱鞘炎為其發病原
因。大多發生於中年女性。手指會出現
無法順利進行指骨關節的屈曲伸展運動
的現象，且當保持在屈曲位時，常會有
動作卡住的情況。對於難以治療的病
例，就必需切開韌帶性腱鞘。

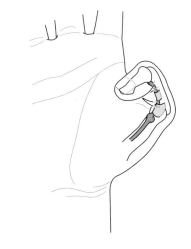

屈曲指（參考圖示）
屬於先天異常的手部疾病之一，會引起
近端指骨間關節的屈曲緊縮。發生的部
位從一根手指到多根手指等情況都有。
其發病原因有皮膚、肌腱、關節囊等因
素，所以必須依發病原因來進行個別的
手術。

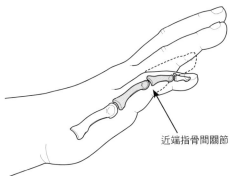

近端指骨間關節

IV 肌肉

屈指深肌 flexor digitrum profundus muscle

解剖學上的特徵

● [起端]尺骨內側面、前臂骨間膜

　[止端]從食指到小指的末節指骨基部掌側

　[支配神經]橈側二根手指：正中神經

　　　　　　尺側二根手指：尺神經（C7～T1）

● 屈指深肌位於前臂掌側屈肌群的深層，而肌腹則是位在前臂尺側大約中間的位置。

● 在前臂的中央部位，屈指深肌的位置正好包住尺骨。雖然屈指深肌是內層肌肉，不過在皮膚的正下方就觸摸得到。

● 食指、中指方向的屈指深肌是正中神經所支配，而無名指、小指方向的屈指深肌則是尺神經所支配。

肌肉功能的特徵

● 屈指深肌是唯一會讓遠端指骨間關節進行屈曲的肌肉。其走向也與近端指骨間關節屈曲、掌指關節屈曲以及腕關節掌屈有關係。

● 食指以外的屈指深肌一般是很難進行分離的。無名指到小指的屈指深肌無法獨立進行活動，這點可以和屈指淺肌做比較，將兩者之間的差異記起來。

臨床相關

● 若要評估屈指深肌的原有肌力，則必須測試遠端指骨間關節的肌力。

● 在發生Volkmann攣縮時，屈指深肌會是損傷最多的肌肉[參考p.243]。

● 從食指到小指的近端指骨間關節近側開始，一直到手掌的遠側掌紋之間，有個非常狹窄的腱肌腱鞘。於此部位所發生的屈肌肌腱損傷，治療起來十分困難，且多數有預後不良的情況，一般稱為No man's land（人類無法踏入的領域）。

相關疾病

屈指深肌腱斷裂、鈣化性肌腱炎、扳機指、Volkmann攣縮、屈曲指、前骨間神經麻痺（正中神經高位麻痺）、肘隧道症候群（尺神經高位麻痺）等等。

圖4-76 屈指深肌的走向

屈指深肌起始於尺骨內側面、前臂骨間膜，並止於從食指到小指的末節指骨基部掌側。主要是作用於食指至小指的遠端指骨間關節屈曲，不過也會參與近端指骨間關節屈曲、掌指關節屈曲以及腕關節掌屈。

圖4-77 屈指深肌的特徵

在前臂的中央部位，很容易就摸得到位於尺骨骨幹內側的屈指深肌。此外，在止端部位，當屈指淺肌腱一分為二時，屈指深肌腱會通過屈指淺肌腱分裂的中間處，並附著於末節指骨基部。

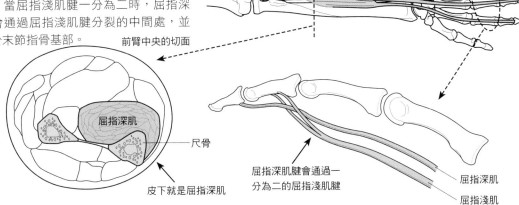

屈指深肌

前臂中央的切面

屈指深肌

尺骨

皮下就是屈指深肌

屈指深肌腱會通過一分為二的屈指淺肌腱

屈指深肌
屈指淺肌

圖4-78 No man's land

從近端指骨間關節至遠側掌紋之間，稱為No man's land。此名稱來自於該部位的屈肌腱鞘非常狹窄而導致肌腱縫合之後的預後不太順利的現象。

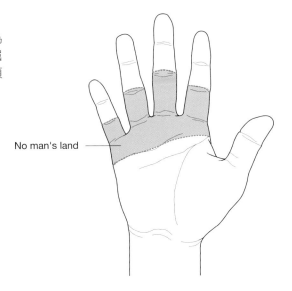

No man's land

圖4-79　屈指深肌的觸診①

觸診的起始位置為讓病患前臂呈旋後位，手背放置於桌子上。當診療者觸摸病患食指的屈指深肌時，要固定住病患的掌指關節、近端指骨間關節，而且只有遠端指骨間關節能進行屈曲運動。

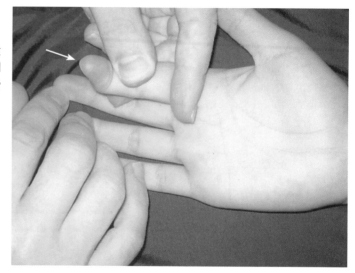

圖4-80　屈指深肌的觸診②

診療者將手指置於病患中節指骨的掌側。在遠端指骨間關節進行屈曲的過程中，對屈指深肌腱的移動情況進行觸診。

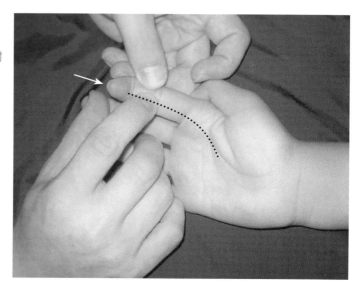

圖4-81　屈指深肌的觸診③

在對食指以外的屈指深肌進行觸診時，由於手指不易個別地進行運動，故必須以中指至小指同時運動的方式來進行觸診。固定病患中指至小指的掌指關節、近端指骨間關節，並使這三根手指同時進行遠端指骨間關節的屈曲運動。

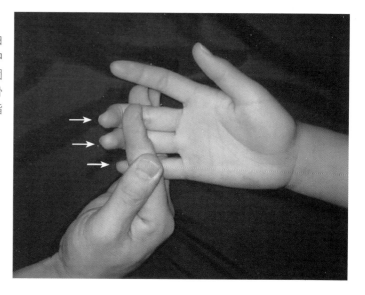

圖4-82 屈指深肌的觸診④

對屈指深肌的肌腹部位進行觸診時，若是
觸診食指的屈指深肌肌腹，就要將手指放
在病患前臂的中央部位，在食指遠端指骨
間關節屈曲的過程中觸診屈指深肌肌腹收
縮。若是觸診其他手指的屈指深肌肌腹，
則是依序將手指往尺側移動（→），以相
同方式進行觸診。觸診的要訣是，診療者
要將手指稍微用力施壓，並且在食指遠端
指骨間關節屈曲的過程中，靠著肌肉從深
部將手指提起的感覺進行觸診。

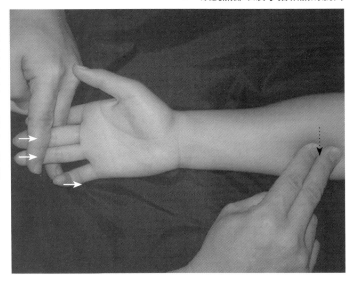

圖4-83 屈指深肌的觸診⑤

若要觸診更尺側的屈指深肌肌腹，診療者
可將手指放在病患尺骨骨幹的尺側緣，如
此便容易找到屈指深肌肌腹的位置。在尺
骨骨幹的尺側緣的皮膚下方，就是屈指深
肌的肌腹，因此在遠端指骨間關節屈曲的
過程中進行觸診，便能明顯觸診到屈指深
肌肌腹在進行收縮。

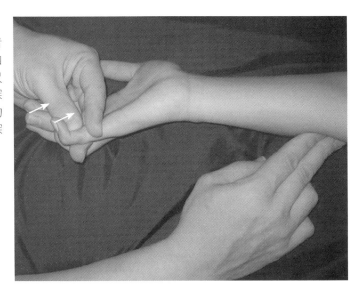

Skill Up

Volkmann攣縮

是肱骨髁上骨折的併發症中相當有名的一
種疾病，其為強力壓迫所造成的肘部缺血
性攣縮。大多會造成深層肌群裡的屈指深
肌和屈拇長肌受傷。檢查4P症狀（Pain：
疼痛、Paresthesia：感覺異常、Paralysis：
麻痺、Pulselessness：脈搏消失）是重點
所在。

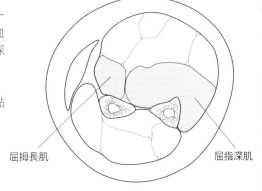

屈拇長肌　　　　屈指深肌

前臂中央的切面圖

屈拇長肌 flexor pollicisn longus muscle

解剖學上的特徵

● [起端]橈骨骨幹的前面、前臂骨間膜
　 [止端] 拇指末節指骨基部的掌側
　 [支配神經] 正中神經（C8、T1）
● 屈拇長肌位於前臂屈肌群的深層部位，肌腹則位於橈側大約中間的位置。

肌肉功能的特徵

● 屈拇長肌主要是作用於拇指指骨關節的屈曲。此外，其走向也會參與掌指關節屈曲以及腕關節掌屈。
● 當腕關節呈掌屈時，屈拇長肌會喪失功能。

臨床相關

● 若要評估屈拇長肌原有的肌力，則要測試拇指指骨關節的肌力。
● 在發生Volkmann攣縮的時候，屈拇長肌是受到損傷的其中一條肌肉。
● 屈拇長肌腱發生皮下破裂是相當少見的，但必須注意橈骨遠端骨折之後所產生的骨變形，會導致遲發性屈拇長肌腱斷裂。

相關疾病

屈拇長肌腱斷裂、Volkmann攣縮、前骨間神經麻痺（正中神經高位麻痺）等等。

圖4-84　屈拇長肌的走向

屈拇長肌起始於橈骨骨幹的前面以及前臂
骨間膜，並止於拇指末節指骨基部的掌
側。主要是作用於拇指指骨關節屈曲，但
也會參與拇指掌指關節屈曲以及腕關節掌
屈運動。

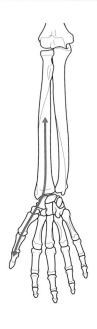

圖4-85　屈拇長肌的觸診①

讓病患前臂呈旋後位，手背放置於桌面上，以此姿勢作為觸診起始位置。固定病患的拇指腕掌關節、掌指關節，只有拇指指骨關節進行屈曲運動。

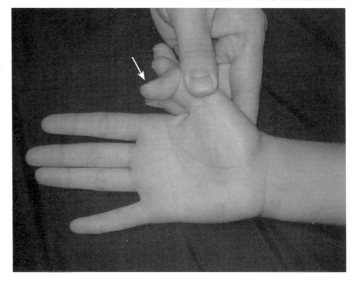

圖4-86　屈拇長肌的觸診②

診療者將手指放在病患拇指近節指骨的掌側。在指骨關節進行屈曲的過程中，對屈拇長肌腱的移動情況進行觸診。

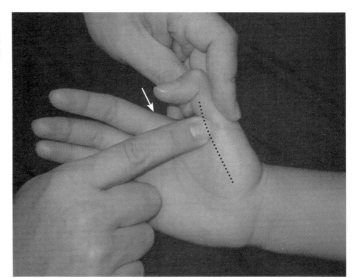

圖4-87　屈拇長肌的觸診③

在觸診腕關節近側的屈拇長肌時，手指往橈骨前方稍微地用力施壓。藉由拇指指骨關節屈曲時所產生的肌肉收縮，手指便能利用被肌肉撐起的感覺來進行觸診。

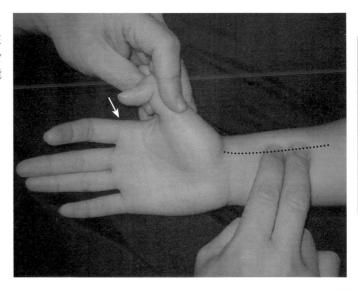

IV
肌
肉

245

屈拇短肌 flexor pollicis brevis muscle

解剖學上的特徵

● 屈拇短肌淺頭：

 [起端]屈肌支持帶　[止端]位在拇指近節指骨基部橈側的種子骨

 [支配神經] 正中神經（C6、C7）

● 屈拇短肌深頭：

 [起端] 大多角骨、小多角骨、頭狀骨　[止端]位在拇指近節指骨基部橈側的種子骨

 [支配神經] 尺神經（C8、T1）

● 屈拇短肌是構成魚際淺層的肌肉，位於外展拇短肌的尺側。

肌肉功能的特徵

● 屈拇短肌主要作用於拇指掌指關節屈曲，此外也能輔助拇指掌側外展以及對掌運動。

● 屈拇短肌的起端和止端都位於腕關節的遠側，因此其功能並不會受到腕關節肢體位置的影響。

臨床相關

● 屈拇短肌受到正中神經和尺神經的支配，因此在單條神經麻痺的情況下，其機能並不會完全消失。

● 想要評估屈拇短肌原有的肌力時，要在腕關節完全掌屈並排除屈拇長肌作用的狀態下，評估拇指指骨關節的肌力，藉此方法來得知屈拇短肌的原有肌力。

相關疾病

前骨間神經麻痺（正中神經高位麻痺）、腕隧道症候群（正中神經低位麻痺）、肘隧道症候群（尺神經高位麻痺）、尺神經隧道症候群（尺神經低位麻痺）等等。

圖4-88　屈拇短肌的走向

屈拇短肌是構成魚際淺層的肌肉，分為二頭。淺頭起始於屈肌支持帶，深頭則起始於大多角骨、小多角骨、頭狀骨，它們的止端是位於拇指近節指骨基部橈側的種子骨。主要是作用於拇指掌指關節屈曲。

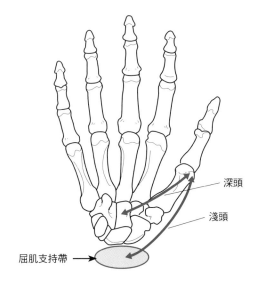

深頭

淺頭

屈肌支持帶 →

圖4-89　屈拇短肌的觸診①

讓病患前臂呈旋後位，腕關節掌屈至極限，以此姿勢作為觸診起始位置。此姿勢可以排除屈拇長肌所構成的指骨關節屈曲，如此就能進行由屈拇短肌所主導的拇指屈曲。

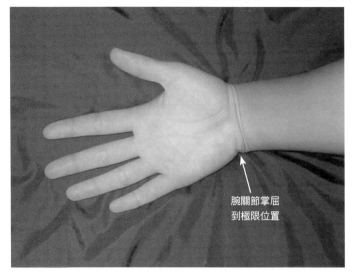

腕關節掌屈
到極限位置

圖4-90　屈拇短肌的觸診②

讓病患的拇指屈曲，並對屈拇短肌進行觸診。此時，必須確認拇指屈曲是由掌指關節所單獨進行的。若指骨關節隨之進行屈曲，便無法完全排除屈拇長肌的作用，如此就必須調整腕關節的掌屈角度。

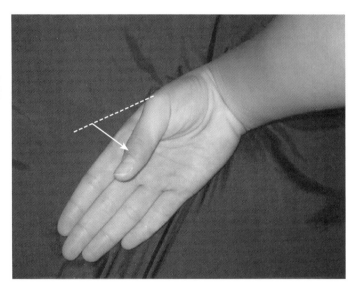

圖4-91　屈拇短肌的觸診③

在掌指關節屈曲的過程中，在魚際尺側對屈拇短肌的收縮進行觸診。因為在屈拇短肌的橈側有外展拇短肌，所以在進行屈曲運動的時候，不能加入外展運動，這點必須注意。

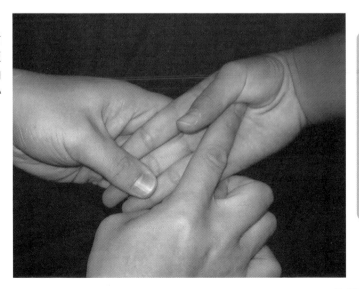

Ⅳ
肌
肉

外展拇短肌 abductor pollicis brevis muscle

解剖學上的特徵

● [起端]舟骨結節、大多角骨、屈肌支持帶的橈側前方

 [止端]位在拇指近節指骨基部橈側的種子骨

 [支配神經]正中神經（C6、C7）

● 外展拇短肌是構成魚際淺層的肌肉，位於屈拇短肌的橈側。

肌肉功能的特徵

● 外展拇短肌主要作用於拇指腕掌關節外展。

● 外展拇短肌的起端和止端皆位於腕關節的遠側，因此其功能並不會受到腕關節肢體位置的影響。

臨床相關

● 外展拇短肌會因為正中神經麻痺而喪失功能，但由於外展拇長肌有受到橈神經的支配，所以並不會產生太大的阻礙。

● 若要評估外展拇短肌原有的肌力，則要在腕關節完全掌屈，並且排除外展拇長肌機能的狀態下，評估拇指腕掌關節的外展力，藉此方法來得知外展拇短肌的原有肌力。

相關疾病

前骨間神經麻痺（正中神經高位麻痺）、腕隧道症候群（正中神經低位麻痺）等等。

圖4-92　外展拇短肌的走向

外展拇短肌是構成魚際淺層的肌肉，起始
於舟骨結節、大多角骨以及屈肌支持帶的
橈側，並止於位在拇指近節指骨基部掌側
偏橈側的種子骨。主要作用於拇指腕掌關
節外展。

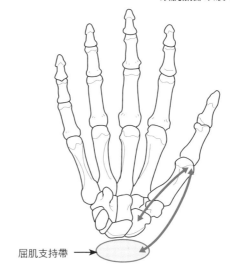

屈肌支持帶 →

圖4-93　外展拇短肌的觸診①

讓病患前臂呈旋後位，腕關節掌屈至極
限，以此姿勢作為觸診起始位置。此姿勢
能排除外展拇長肌的作用，如此便能進行
由外展拇短肌所主導的拇指外展。

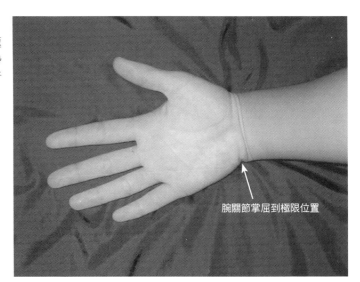

腕關節掌屈到極限位置

圖4-94　外展拇短肌的觸診②

讓病患反覆進行拇指腕掌關節的掌側外展
運動。在運動的過程中，從魚際中央部位
開始，往橈側方向觸診外展拇短肌的收
縮。

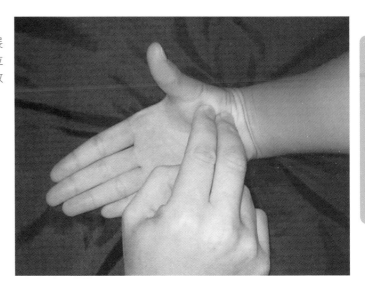

IV 肌肉

249

拇內收肌 adductor pollicis muscle

解剖學上的特徵

- 拇內收肌斜頭：
  - [起端]頭狀骨、中指和食指掌骨基部的掌側
  - [止端]位於拇指近節指骨基部尺側的種子骨
- 拇內收肌橫頭：
  - [起端]中指掌骨的骨幹掌側面
  - [止端]位在拇指近節指骨基部尺側的種子骨
- [支配神經] 尺神經（C8、T1）
- 拇內收肌是位於魚際內側的內層肌肉，並且以尺側種子骨為頂點呈扇形展開。

肌肉功能的特徵

- 拇內收肌作用於拇指腕掌關節的內收運動，因為延伸範圍比較廣，所以也會依手掌位置的不同，而對拇指的對掌以及屈曲運動進行輔助。

臨床相關

- Froment sign可以說是用來診斷拇內收肌機能的簡便方法，診斷重點在於分辨是否有尺神經麻痺的現象。
- 要改善拇指內收緊縮的情況，大多必須使用矯具等工具，使拇指往拇內收肌方向進行持續性的伸展。

相關疾病

肘隧道症候群（尺神經高位麻痺）、尺神經隧道症候群（尺神經低位麻痺）、拇指內收緊縮等等。

圖4-95 拇內收肌的走向

拇內收肌位於魚際肌的內側，而且是形狀呈現扇形的肌肉。斜頭起始於頭狀骨、中指和食指掌骨基部，而橫頭則起始於中指掌骨的骨幹掌側，這二條肌肉都是止於位於拇指近節指骨基部掌側偏尺側的種子骨。拇內收肌主要是作用於拇指腕掌關節內收。

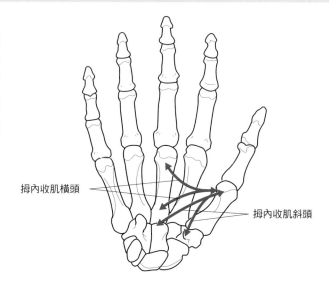

拇內收肌橫頭

拇內收肌斜頭

圖4-96　Froment sign

Froment sign是用來診斷拇內收肌肌力的簡便方法，藉由此法能分辨是否有尺神經麻痺的情況。讓病患用兩手拇指和食指橈側夾住紙張，並拉扯紙張。拇內收肌若無肌力，則拇指指骨關節便會產生屈曲及壓制的代償動作（Froment sign）。

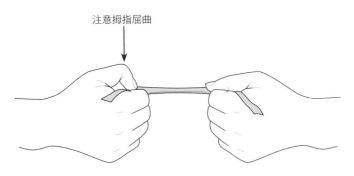

注意拇指屈曲

取自文獻13）

圖4-97　拇內收肌斜頭的觸診

診療者將手指放在病患頭狀骨及中指的掌骨基部，讓病患從掌側外展位開始反覆地進行內收運動。此時，診療者要對拇內收肌斜頭的收縮情況進行觸診。

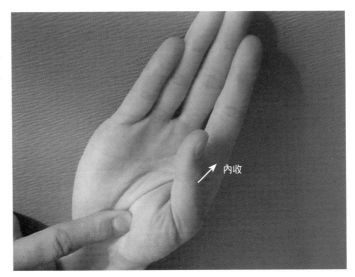

內收

圖4-98　拇內收肌橫頭的觸診

診療者將手指放於病患中指掌骨的骨幹掌側，讓病患從掌側外展位開始反覆進行內收運動，此時，診療者要對拇內收肌橫頭的收縮情況進行觸診。

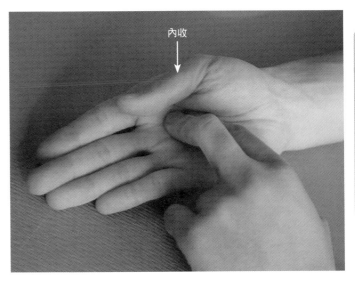

內收

Ⅳ 肌肉

拇指對掌肌 opponens pollicis muscle

解剖學上的特徵

● **[起端]** 大多角骨、屈肌支持帶

　　[止端] 拇指掌骨的橈側緣

　　[支配神經] 正中神經（C6、C7）

● 拇指對掌肌是位於魚際深層的肌肉，拇指對掌肌的表面被屈拇短肌及外展拇短肌所覆蓋，但是在魚際的最橈側緣仍然可以直接觀察到拇指對掌肌的肌腹。

肌肉功能的特徵

● 拇指對掌肌作用於拇指腕掌關節的對掌運動。雖然其他魚際肌也會輔助拇指腕掌關節的對掌運動，不過正確的對掌運動是先從拇指對掌肌開始進行才能完成。

臨床相關

● 整形外科針對陳舊性正中神經麻痺所進行的重建手術，多數是為了重建拇指對掌的機能。

● 拇指和小指進行對掌動作時，從指尖的方向觀察對掌動作，若每根手指的長軸位置都呈一直線的狀態，就是正確的對掌運動。若是呈雜亂的狀態，則要思考或許是拇指對掌肌的肌力下降或是拇指腕掌關節緊縮所致。

相關疾病

前骨間神經麻痺（正中神經高位麻痺）、腕隧道症候群（正中神經低位麻痺）、拇指內收緊縮、拇指腕掌關節症等等。

圖4-99　拇指對掌肌的走向

拇指對掌肌位於魚際深層的肌肉，起始於大多角骨及屈肌支持帶，止於拇指掌骨的整個橈側緣。主要作用於拇指腕掌關節的對掌。

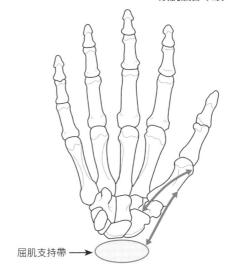

屈肌支持帶 →

圖4-100　拇指對掌肌的觸診①

拇指對掌肌的觸診起始位置為病患前臂呈旋後位，手背置於桌面，讓病患反覆進行拇指和小指的對掌運動。此時，要從指尖方向進行觀察，確認各個手指的長軸是呈一直線的狀態。

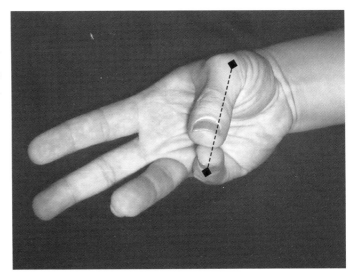

圖4-101　拇指對掌肌的觸診②

診療者將手指放在病患拇指掌骨的骨幹橈側緣。在拇指對掌肌隨著對掌運動而隆起時，便對拇指對掌肌進行觸診。為了不要誤觸外展拇短肌，診療者的手指必須放在橈側。

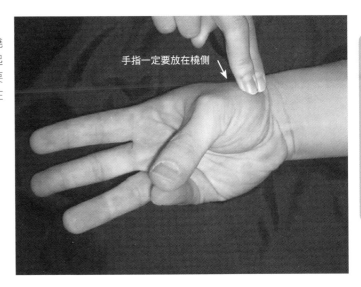

手指一定要放在橈側 ↗

IV
肌肉

253

小指外展肌 abductor digiti minimi muscle

解剖學上的特徵

● [起端]豌豆骨、屈肌支持帶

　[止端]小指的近節指骨基部尺側

　[支配神經] 尺神經（C8、T1）

● 小指外展肌是構成小魚際的淺層肌肉，並且位於小魚際的最尺側位置。

肌肉功能的特徵

● 小指外展肌只作用於小指掌指關節外展。

臨床相關

● 在使用電氣生理學檢查尺神經障礙時，會將小指外展肌作為檢查的對象。

● 檢查小指外展肌的肌力時，一定要讓掌指關節呈伸展位。因為掌指關節呈屈曲位會導致副韌帶緊繃而使可動範圍減少，所以有時會誤診為肌力下降。

相關疾病

肘隧道症候群（尺神經高位麻痺）、尺神經隧道症候群（尺神經低位麻痺）等等。

圖4-102　小指外展肌的走向

小指外展肌位於小魚際淺層的最尺側，起
始於豌豆骨及屈肌支持帶，止於小指近節
指骨基部的尺側。主要作用於小指掌指關
節外展。

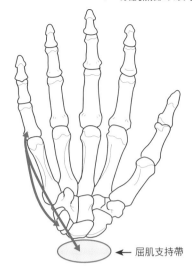

← 屈肌支持帶

圖4-103　小指外展肌的觸診①

一開始的觸診姿勢是使病患前臂呈旋後
位，手背置於桌面。診療者將手指放在病
患的豌豆骨，讓病患反覆進行小指外展運
動。在運動的過程中，觸診小指外展肌的
收縮情況。

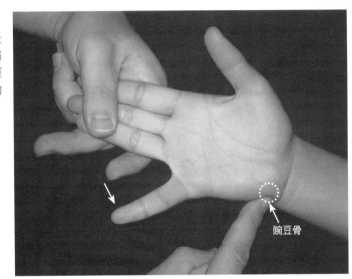

豌豆骨

圖4-104　小指外展肌的觸診②

在豌豆骨觸摸小指外展肌的收縮情況之
後，繼續往遠側方向進行觸診，確認小指
外展肌的位置是在小魚際的尺側。

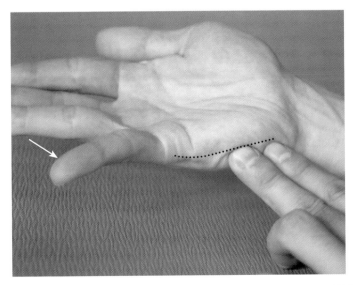

Ⅳ
肌
肉

255

屈小指短肌 flexor digiti minimi brevis muscle

解剖學上的特徵

● **[起端]**鉤骨鉤、屈肌支持帶
　[止端]小指近節指骨基部的掌側
　[支配神經]尺神經（C8、T1）
● 屈小指短肌是構成小魚際的淺層肌肉，位於小指外展肌的橈側。

肌肉功能的特徵

● 屈小指短肌作用於小指掌指關節屈曲。

臨床相關

● 發生鉤骨鉤骨折時，早期診斷的重要症狀之一是在屈小指短肌收縮時所誘發的疼痛。
● 若要檢查屈小指短肌原有的肌力，則腕關節需完全地掌屈，並採用能排除屈指淺肌及屈指深肌活動的姿勢。

相關疾病

肘隧道症候群（尺神經高位麻痺）、尺神經隧道症候群（尺神經低位麻痺）、鉤骨鉤骨折等等。

圖4-105　屈小指短肌的走向

屈小指短肌位於小魚際淺層，並位在小指外展肌的橈側。起始於鉤骨鉤及屈肌支持帶，止於小指近節指骨基部的掌側。主要作用於小指掌指關節的屈曲。

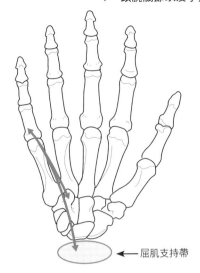

← 屈肌支持帶

圖4-106　屈小指短肌的觸診①

讓病患的前臂呈旋前，手背置於桌面，腕關節掌屈至極限，以此姿勢作為觸診起始位置。讓腕關節掌屈是為了排除屈指淺肌和屈指深肌，對小指掌指關節的屈曲運動產生作用，這時要確認只有掌指關節在進行屈曲運動。

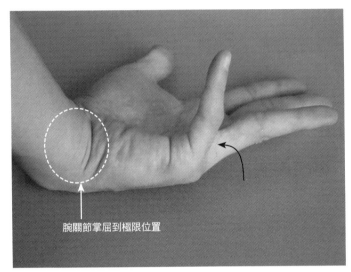

腕關節掌屈到極限位置

圖4-107　屈小指短肌的觸診②

診療者將手指放在病患的鉤骨鉤位置。在小指掌指關節屈曲的過程中，對屈小指短肌的收縮情況進行觸診。接著，繼續往遠側方向進行觸診，確認屈小指短肌位於小魚際的橈側。

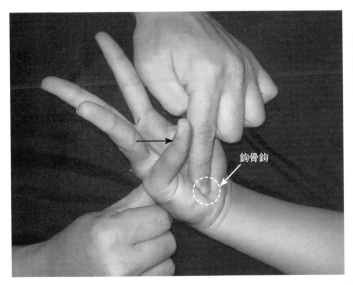

鉤骨鉤

Ⅳ
肌
肉

257

對掌小指肌 opponens digiti minimi muscle

解剖學上的特徵
● [起端]鉤骨的鉤、屈肌支持帶
  [止端]小指掌骨的尺側緣
  [支配神經] 尺神經（C8、T1）
● 對掌小指肌是位於小魚際深層的肌肉，表面被小指外展肌以及屈小指短肌所覆蓋。

肌肉功能的特徵
● 對掌小指肌作用於小指腕掌關節的對掌運動。

臨床相關
● 小指腕掌關節和拇指腕掌關節相比，小指腕掌關節的活動範圍較少。若能進行食指、中指等部位的對掌動作，那在一般日常生活上不會造成不便。

相關疾病
肘隧道症候群（尺神經高位麻痺）、尺神經隧道症候群（尺神經低位麻痺）、鉤骨鉤骨折等等。

圖4-108　對掌小指肌的走向

對掌小指肌位於小魚際深層，而且表面被
小指外展肌及屈小指短肌所覆蓋。起始於
鉤骨鉤及屈肌支持帶，止於小指掌骨的尺
側緣。主要作用於小指腕掌關節的對掌運
動。

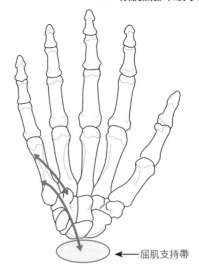

←── 屈肌支持帶

圖4-109　對掌小指肌的觸診①

一開始進行觸診時，要讓病患前臂呈旋後
位，手背置於桌面。讓病患反覆進行拇指
和小指的對掌運動。此時，從指尖的方向
觀察，並確認各個手指的長軸是呈一直線
的狀態。

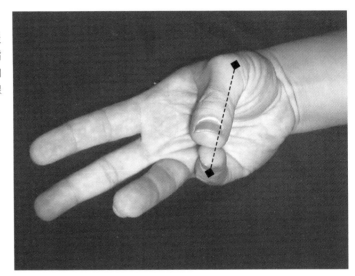

圖4-110　對掌小指肌的觸診②

從背側避開小指外展肌，並將手指放在小
指掌骨的骨幹尺側緣。在進行對掌運動的
過程中，對掌小指肌會產生隆起，要在這
時觸診對掌小指肌。

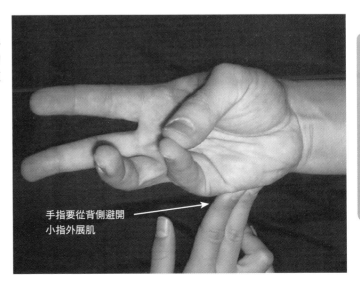

手指要從背側避開
小指外展肌

蚓狀肌 lumbricalis muscle
背側骨間肌 dorsal interosseus muscle
掌側骨間肌 palmar interosseus muscle

解剖學上的特徵

●蚓狀肌

[起端] 屈指深肌腱　[止端] 從伸指肌腱分歧出來的橫帶，所集中在一起的末節指骨基部

[支配神經] 正中神經（C6、C7）、尺神經（C8、T1）

●背側骨間肌

[起端] 從拇指到小指的掌骨交接面

[止端] 從伸指肌腱分歧出來的橫帶，所集中在一起的末節指骨基部

[支配神經] 尺神經（C8、T1）

●掌側骨間肌

[起端] 食指掌骨的尺側、無名指以及小指掌骨的橈側

[止端] 從伸指肌腱分歧出來的橫帶，所集中在一起的末節指骨基部

[支配神經] 尺神經（C8、T1）

●蚓狀肌不只有一條，其中二條位在橈側的蚓狀肌是由正中神經所支配，另外二條位在尺側的蚓狀肌則是由尺神經所支配。

●位在橈側的二條蚓狀肌起始於屈指深肌腱的橈側。無名指的蚓狀肌起始於中指及無名指的屈指深肌腱。小指的蚓狀肌起始於無名指及小指的屈指深肌腱。

●第一、第二條的背側骨間肌腱會延伸至食指及中指的橈側；第三、第四條的背側骨間肌腱則會延伸至中指及無名指的尺側。

●第一條掌側骨間肌腱會延伸至食指尺側；第二、第三條掌側骨間肌會延伸至無名指及小指的橈側。

肌肉功能的特徵

●蚓狀肌作用於掌指關節屈曲、近端指骨間關節以及遠端指骨間關節伸展。

●背側骨間肌除了會作用於掌指關節屈曲、近端指骨間關節及遠端指骨間關節伸展之外，也會作用於手指外展。

●掌側骨間肌除了會作用於掌指關節屈曲、近端指骨間關節及遠端指骨間關節伸展之外，也會作用於手指內收。

臨床相關

●尺神經麻痺所造成的爪型手畸形相當有名。若是只有出現尺神經麻痺，而橈側的二條蚓狀肌卻仍能活動，則並不算是完整的爪型手。

●當掌指關節呈屈曲位時，近端指骨間關節可以屈曲。掌指關節呈伸展位時，近端指骨間關節的屈曲會受到限制，造成蚓狀肌、背側和掌側骨間肌出現緊縮。

相關疾病

肘隧道症候群（尺神經高位麻痺）、尺神經隧道症候群（尺神經低位麻痺）、手內部肌肉緊縮等等。

圖4-111　蚓狀肌的走向

蚓狀肌起始於屈指深肌腱，並止於從伸指肌腱分歧出來的橫帶，所集中在一起的末節指骨基部。蚓狀肌腱會延伸至各個手指的橈側，並作用於掌指關節屈曲、近端指骨間關節伸展、遠端指骨間關節伸展。

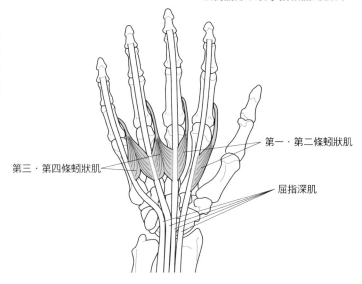

第三・第四條蚓狀肌

第一・第二條蚓狀肌

屈指深肌

圖4-112　背側骨間肌的走向

背側骨間肌起始於拇指到小指的掌骨交接面，並止於從伸指肌腱分歧出來的橫帶，所集中在一起的末節指骨基部。第一、第二條背側骨間肌腱會延伸至食指、中指的橈側；第三、第四條背側骨間肌會延伸至中指、無名指的尺側。背側骨間肌除了會作用於掌指關節屈曲、近端指骨間關節伸展、遠端指骨間關節伸展之外，也會作用於手指外展。

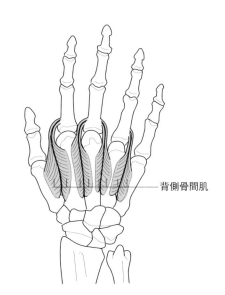

背側骨間肌

圖4-113　掌側骨間肌的走向

掌側骨間肌起始於食指掌骨的尺側、無名指以及小指掌骨的橈側，並止於從伸指肌腱分歧出來的橫帶，所集中在一起的末節指骨基部。第一條掌側骨間肌腱會延伸至食指尺側；第二、第三條掌側骨間肌會延伸至無名指及小指的橈側。掌側骨間肌除了會作用於掌指關節屈曲、近端指骨間關節伸展、遠端指骨間關節伸展之外，也會作用於手指內收。

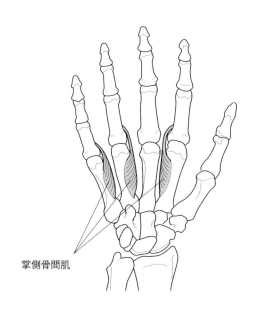

掌側骨間肌

IV
肌
肉

圖4-114 從右手食指橈側所看到的伸指肌腱，與狹義手內肌肌腱之間的關係

蚓狀肌腱（wing tendon）通過了掌指關節的掌側，接著會連接從伸指肌腱分歧出來的橫帶（lateral band）和腱止點（terminal tendon）。第一條背側骨間肌腱會和蚓狀肌腱交會，並往相同方向延伸。此外，第一條掌側骨間肌則會沿著食指尺側延伸。因此，這些肌群能對掌指關節屈曲、近端指骨間關節伸展、遠端指骨間關節伸展產生作用。掌指關節屈曲、近端指骨間關節伸展、遠端指骨間關節伸展的姿勢稱為intrinsic plus擺位。

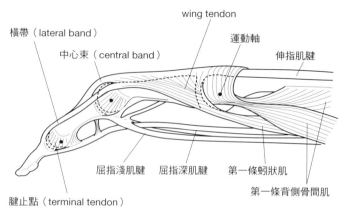

橫帶（lateral band）
中心束（central band）
wing tendon
運動軸
伸指肌腱
屈指淺肌腱
屈指深肌腱
第一條蚓狀肌
第一條背側骨間肌
腱止點（terminal tendon）

圖4-115 蚓狀肌的觸診①

觸診位於食指的蚓狀肌時，要讓病患的掌指關節保持在過度伸展位，並進行近端指骨間關節的伸展運動。掌指關節保持在過度伸展位，會讓近節指骨遠側的伸指肌腱鬆弛，還會讓伸指肌腱無法作用於近端指骨間關節伸展。

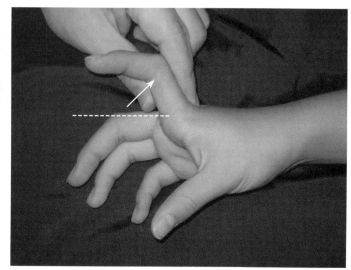

圖4-116 蚓狀肌的觸診②

接著，將病患腕關節呈背屈位，作為蚓狀肌起端的屈指深肌腱的緊繃狀態會升高，而作用於近端指骨間關節伸展的蚓狀肌則會增加活動性。從食指橈側觸摸在近端指骨間關節伸展運動中產生緊繃狀態的蚓狀肌腱。接著，沿著肌腱緊繃狀態的方向繼續觸診下去，如此便能在食指掌骨的橈側位置觸診到第一條蚓狀肌產生收縮。

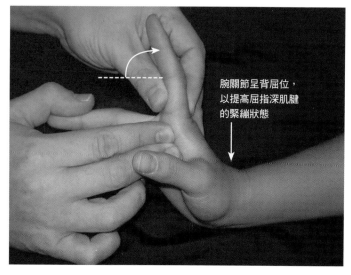

腕關節呈背屈位，以提高屈指深肌腱的緊繃狀態

圖4-117　背側骨間肌的觸診①

觸診位於食指的背側骨間肌時，要讓病患
腕關節呈掌屈位，並且讓掌指關節呈過度
伸展位和內收位。腕關節呈掌屈位會導致
屈指深肌腱鬆弛，並且減低蚓狀肌的功
能。此外，掌指關節呈內收位的話，會使
掌側骨間肌鬆弛並且降低掌側骨間肌的功
能。讓腕關節和掌指關節呈現這樣的位
置，背側骨間肌更能有效地發揮功能。

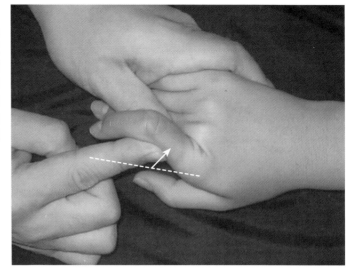

圖4-118　背側骨間肌的觸診②

讓病患反覆進行近端指骨間關節伸展運
動。從食指的橈側基底觸摸位於食指橈側
的第一條背側骨間肌腱。接著，沿著肌腱
緊繃狀態的方向繼續觸摸下去，第一條背
側骨間肌會位在拇指和食指掌骨之間，可
以觸診到第一條背側骨間肌的收縮情況。

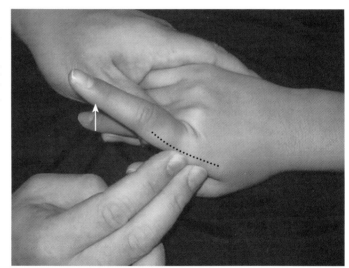

圖4-119　掌側骨間肌的觸診

觸診位於食指的掌側骨間肌時，要讓病患
腕關節呈掌屈位，並且讓掌指關節保持於
過度伸展和外展位。腕關節呈掌屈位會使
屈指深肌腱鬆弛並降低蚓狀肌的功能。此
外，掌指關節呈外展位的話，會使背側骨
間肌鬆弛並降低背側骨間肌的功能。讓腕
關節和掌指關節呈現這樣的位置，掌側骨
間肌就更能有效地發揮功能。

Ⅳ
肌
肉

圖4-120　掌側骨間肌的觸診

讓病患反覆進行近端指骨間關節伸展運動。從食指近節指骨的尺側觸摸第一條掌側骨間肌腱。接著，沿著肌腱緊繃狀態的方向繼續觸摸下去，第一條掌側骨間肌會位於食指掌骨尺側，如此即可觸診到第一條掌側骨間肌的收縮情況。

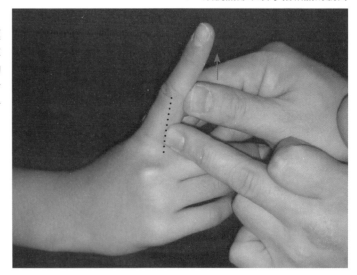

圖4-121　藉著手指外展運動進行背側骨間肌的觸診

若是要在手指進行外展運動的過程中，觸診食指的背側骨間肌，首先診療者要從背側方向，將手指放在病患拇指和食指的掌骨之間。讓病患反覆進行食指外展運動，就會在運動的過程中，觸診到第一條背側骨間肌的收縮情況。

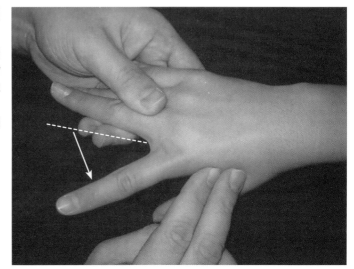

圖4-122　藉由手指內收運動進行掌側骨間肌的觸診

若要在手指進行內收運動的過程中觸診食指的掌側骨間肌，診療者首先要從掌側方向，將手指放在病患食指掌骨的尺側。讓病患反覆進行食指內收運動，就會在運動的過程中，觸診到第一條掌側骨間肌的收縮情況。

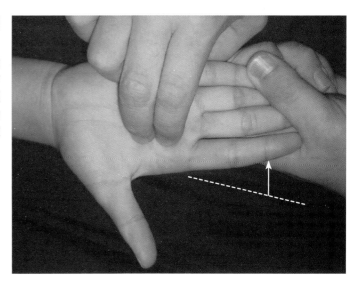

上肢肌肉的支配神經・脊椎節區域一覽表

肌肉名稱	支配神經	C1	C2	C3	C4	C5	C6	C7	C8	T1
斜方肌上端纖維	副神經、頸神經		●	●						
斜方肌中間纖維	副神經、頸神經		●	●	●					
斜方肌下方纖維	副神經、頸神經		●	●	●					
提肩胛肌	肩胛後神經					●				
大菱形肌	肩胛後神經					●				
小菱形肌	肩胛後神經					●				
胸小肌	胸肌神經							●	●	●
胸大肌	胸肌神經					●	●	●	●	●
三角肌	腋神經					●	●			
棘上肌	肩胛上神經					●	●			
棘下肌	肩胛上神經					●	●			
小圓肌	腋神經					●	●			
大圓肌	肩胛下神經					●	●			
肩胛下肌	肩胛下神經					●	●			
喙肱肌	肌皮神經						●	●		
前鋸肌	長胸神經					●	●	●		
闊背肌（註1）	胸背神經						●	●	●	
肱二頭肌	肌皮神經					●	●			
肱肌	肌皮神經					●	●			
肱橈肌	橈神經					●	●			
肱三頭肌	橈神經						●	●	●	
肘肌	橈神經							●	●	
旋前圓肌	正中神經						●	●		
旋後肌	橈神經					●	●	●		
橈側伸腕長肌	橈神經						●	●		
橈側伸腕短肌	橈神經						●	●		
尺側伸腕肌	橈神經						●	●	●	
橈側屈腕肌	正中神經						●	●		
尺側屈腕肌	尺神經								●	●
旋前方肌	正中神經								●	●
掌長肌	正中神經							●	●	
屈指淺肌	正中神經							●	●	●
屈指深肌	正中神經・尺神經							●	●	●
伸指肌	橈神經						●	●	●	
伸食指肌	橈神經						●	●	●	
伸小指肌	橈神經						●	●	●	
伸拇長肌	橈神經						●	●	●	
伸拇短肌	橈神經						●	●		
外展拇長肌	橈神經						●	●		
屈拇長肌	正中神經								●	●
屈拇短肌	正中神經・尺神經						●	●	●	●
外展拇短肌	正中神經						●	●		
蚓狀肌	正中神經・尺神經						●	●	●	●
拇指對掌肌	正中神經						●	●		
拇內收肌	尺神經								●	●
對掌小指肌	尺神經								●	●
小指外展肌	尺神經								●	●
背側骨間肌	尺神經								●	●
掌側骨間肌	尺神經								●	●

Ⅳ
肌
肉

＜活用此表的方法＞

此表列出了與上肢帶、上肢有關的支配神經和脊椎節區域。我們將這些知識用 "肌肉←→支配神經←→脊椎節區域" 的方式來做整理，如此不論查詢哪個項目都能進行比對，希望能對各位讀者有所幫助。例如，能將支配神經相同的項目區分出來；或將脊椎節區域相同的項目集中整理，並且從肌肉和支配神經項目進行分類，這些方法都是可以試試看的。

文獻・索引

II 骨骼

1) 橋本 淳：臨床機能.整形外科 外來シリーズ10肩の外來,p12,メジカルビュー社,1999.

2) Johnson JE, et al：Musculooskeletal injuries in competitive swimmers . Mayo Clin Proc, 62：289-304,1987.

3) 園田昌毅：運動器疾患と水泳.体育の科學,42:514-519, 1992.

4) 園田昌毅：種目別スポーツ整形外科16水泳.關節外科,23:1072-1076, 2004.

5) 服部 義：首～肩～(肩胛骨)の形がおかしい.整形外科醫のための小兒日常診療ABC,p51,メジカルビュー社, 2003.

6) Basmjian JV：Grant's Method of Anatomy 10th ed, p329, William&Wilkins Company, l980.

7) 山口光圀,尾崎尚代：肩關節, Cuff-Y exercise.整形外科理學療法の理論と技術,p221,メジカルビュー社, 1997.

8) Kapandji IA：The physiology of the joints Vol 1,78-121, E&S Livingstone,Edimburghand London, 1970.

9) 辻 陽雄,石井清一,編：標準整形外科 第6版, p336-337,醫學書院, 1996.

10) 宮坂芳典：尺骨神經損傷の治療.MB Orthip,5(10):59-68, 1992.

11) 惠木 丈：肘關節,前腕.整形外科徒手檢查法,p34-35,メジカルビュー社, 2003

12) Castaing J,與其他：圖解 關節.運動器の機能解剖 上肢.脊柱編, 協同醫書出版社,1986.

13) Bado JL：The Monteggia lesion. Clin Orthop, 50:71-86, 1967.

14) 水貝直人：Monteggia骨折.整形外科 外來シリーズ9手.肘の骨折,p217-219,メジカルビュー社,2000.

15) 齋藤英彦：橈骨遠位端骨折一解剖學的特徵と分類,治療法一.整.災外,32:237-248, 1989.

16) 窪田泰浩：前腕骨骨幹部.遠位部骨折.研修醫のための整形外科救急外傷ハンドブック, p107-113,メジカルビュー社,2002

I7) 水關隆也：手關節の痛みー解剖と機能.整形外科痛みへのアプローチ3肘と手.手關節の痛み,p79-81,南江堂, 1997.

III 韌帶

l) 山本龍二,編：圖說 肩關節Clinick, p177. 203, メジカルビュー社, 1996.

2) Moseley HF：The clavicle:its anatomy and function. Clin Orthop. 58:17-27,1968.

3) 塚西茂昭：肩鎖關節脫臼,胸鎖關節脫臼.整形外科外來シリーズ10肩の外來, p154, メジカルビュー社, l999.

4) Tossy JD, et al：Acromioclavicular sseparations :useful and practical classification for treatment. Clin Orthop,28:111-119, 1963.

5) Allman FL Jr：Fractures and ligamentous injuries of the clavicle and its articulation.J Bone Joint Surg,49A:774-784,1967.

6) 伊藤陽一：肩關節,上腕.整形外科徒手檢查法,p19, メジカルビュ一社, 2003.

7) 池田 均,信原克哉：肩診療マニュアル第2版, p176, 醫齒藥出版, 1991.

S) 吉田 篤, 與其他：肩關節の解剖.關節外科,15(2)：28-38, 1996.

9) 飛彈 進, 與其他：肘關節の軟部支持組織と機能解剖, 關節外科,9(3):39-45,1990.

10) 高澤晴夫：肘のスポーツ障害.新圖說臨床整形外科講座5 肩.上腕.肘, p296-303, メジカルビュ一社 ,1994

11) O'Doricoll, et al：Posterolateral rotatory instability of the elbow. J Bone JointSurg,73:440-446, 1991.

12) 惠木 丈：肘關節,全腕,整形外科徒手檢查法,p36, メジカルビュ一社 ,2003.

13) Kapanji lA：The physiology of the joints, vol 1, p72-129,Churchill Livingstone, EdInburgh,1982.

14) Cyliax JH：The pathology and treatment of tennis elbow. J Bone Joint Surg, 18:921-940, 1936.

Ⅳ 肌肉

1) グラント解剖學圖譜第2版, p6-33, 醫學書院, 1980.

2) 林 典雄：肩關節拘縮の機能解剖學的特性.理學療法,21(2):357-364, 2004.

3) 伊藤陽一：腱板機能に對するテスト.整形外科徒手檢查法, p2-19,メジカルビュ一社, 2003.

4) Clarck JM：Tendon, ligament, and capsula of the rotator cuff . J Bone Joint Surg Am,74-A(5):713-725, 1992.

5) 林 典雄：後方腱板(棘下筋,小圓筋)と肩關節包との結合樣式について,理學療法學, 23(8):522-527,1996.

6) 鵜飼建司,林 典碓,赤羽根良和, 與其他：廣背肌部痛を訴える野球肩の發生原因に對する一考察.東海スポーツ傷害研究會誌, 22:38-40, 2004.

7) Leon H, et al：Rauber/Kopsch Anatomie des Menschen, Lenrbuch und Atlas Bl, Georg Thieme Verlang Stuttgart, p366 ,1987.

8) Snyder SJ, et al：SLAP lesions of the shoulder. Arthroscopy, 6:274, 1990.

9) 初山泰弘：絞扼神經障害. 整形外科手術クルグス改訂第2版(津山直一,監修), p335, 南江堂, l988.

10) 後骨間神經麻痺について,整形外科, 30:1552-1545,1979.

11) 烏潟泰仁, 與其他：前骨問神經麻痺. 後骨問神經麻痺を主徵とする neuralgic amyotrophyの症例について.整形外科,27(23):1334-1337, 1976.

12) 五谷寬之：手關節,手.整形外科徒手檢查法, p40-55,メジカルビュ一社, 2003.

九畫

十畫

274

276

醫學 &
生理保健

學習醫學知識的最佳導航

　　邀請專業教授執筆，搭配豐富圖表解說各類專業醫學知識，期待醫護科系學生、從業人員，或是對此領域有興趣者，可以藉由本系列獲取基礎知識。

機能解剖學的觸診技術 上肢

18×26cm　296頁
雙色　定價600元

　　本書詳細介紹手的解剖位置、機能、相關疾病，以及臨床觸診的步驟。乃寫給從事骨骼肌肉復健治療的物理治療師、與職能治療師，以及相關科系學生的專業技術教本。希望讀者可以利用這本書磨練自己的觸診技術。往後在臨床實際操作時，可以活用書中所學，如此一定可以提高病情判斷的正確性，之後的治療、復健亦會更有效果。

機能解剖學的觸診技術 ─下肢、軀幹

18×26cm　304頁
雙色　定價600元

　　本書詳細介紹下肢跟軀幹的解剖位置、機能、相關疾病，以及臨床觸診的步驟。乃寫給從事骨骼肌肉復健治療的物理治療師、與職能治療師，以及相關科系學生的專業技術校本。希望讀者可以利用這本書磨練自己的觸診技術。往後在臨床實際操作時，可以活用書中所學，如此一定可以提高病情判斷的正確性，之後的治療、復健亦會更有效果。

新快學 解剖生理學

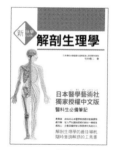

18×26cm　408頁
彩色　定價600元

　　解剖生理學內容包羅萬象，它不但研究生命的運作機轉，並針對每個器官或組織的名稱、位置、結構去做解說。

　　本書為日本濱松大學的教授─竹內修二，依據多年教學經驗以及本身專業知識撰寫而成。

　　以幫助學習為主旨，詳細解說生理學與解剖學的知識與概念。

新快學 圖解病理學

18x26cm　408頁
彩色　定價700元

　　病理學是一門專門在探討疾病發生的起因、發展以及變化的學科。

　　疾病的預防與治療為醫學發展的主要目的之一，因此病理學是為醫護相關科系學生，以及從業人員必備的專業基礎知識。

新快學 圖解藥理學

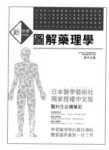

18x26cm　248頁
彩色　定價600元

　　在現代醫療當中，藥物治療是很重要的一環，本書針對醫護相關科系學生之需要，由專業教授執筆，全方面解析藥理相關知識。

　　書中以藥物的作用系統分類章節，讓學習更有效率。並搭配圖片及表格進行說明，讓藥物名稱與作用機制一目了然，方便讀者背記。

　　此外，每一單元均附有練習問題，加強提示重要觀念

整形外科運動治療
—上肢

18x26cm　　　312頁
定價600元　　　雙色

整形外科運動治療
—下肢、軀幹

18x26cm　　　312頁
定價600元　　　雙色

● 彙整臨床上的治療過程與成效

只要能夠完全融會貫通以下六點，你將會是一位最優秀的整型外科復健師。
骨頭屈曲又扭轉的話就會斷裂。
骨頭除非骨折，否則幾乎不會感到疼痛。
肌肉只會朝纖維走向收縮。
萎縮的肌肉，再怎麼用力拉也不會伸長。
韌帶用力拉扯的話會斷裂。
神經問題單憑物理治療不會好轉。

整型外科醫師及物理治療師攜手合作，幫助病患增強肌力、誘發動作、改善人體失能情形

● 運動治療臨床範例全解

　　運動治療乃利用肌肉訓練，帶動病患的肢體進行動作，藉以改善人體失能情形的一種復健方式。本書為《日本整型外科復健學會》將其所討論的，以及在學術研討會上發表過的數百件病例，重新整理歸類，彙整成「上肢」、「下肢‧軀幹」兩冊。裡頭記載了當物理治療師負責一個病例時，所該擁有的基本知識，並搭配實際範例進行解說，讓讀者得以瞭解臨床上的治療過程、成效，與重點。

　　希望藉由本書，可以幫助讀者解決治療過程中所遭遇的各種問題，以期提升復健成效！

● 本書特色

1. 搭配插圖‧真人照片進行解說，讓理解更為透徹。
2. 大量索引，方便讀者查詢專有知識。
3. 整型外科醫師 & 物理治療師密切配合，全面提升專業技能。
4. 詳細解說外科、關節解剖基礎知識。
5. 豐富臨床實例，針對案例介紹治療方針。

瑞昇文化 http://www.rising-books.com.tw　　購書優惠服務請洽： TEL：02-29453191 或 e-order@rising-books.com.tw

TITLE

機能解剖學的 觸診技術（上肢）

STAFF

出版	三悅文化圖書事業有限公司
作者	林典雄
譯者	大放譯彩翻譯社
總編輯	郭湘齡
責任編輯	王瓊苹
文字編輯	林修敏　黃雅琳
美術編輯	李宜靜
排版	執筆者設計工作室
製版	明宏彩色照相製版股份有限公司
印刷	桂林彩色印刷股份有限公司
法律顧問	經兆國際法律事務所　黃沛聲律師
代理發行	瑞昇文化事業股份有限公司
地址	新北市中和區景平路464巷2弄1-4號
電話	(02)2945-3191
傳真	(02)2945-3190
網址	www.rising-books.com.tw
e-Mail	resing@ms34.hinet.net
劃撥帳號	19598343
戶名	瑞昇文化事業股份有限公司
本版日期	2012年6月
定價	600元

國家圖書館出版品預行編目資料

機能解剖學的觸診技術：上肢 /
林典雄作；大放譯彩譯.
-- 初版. -- 台北縣中和市：三悅文化圖書. 2009.06
296面；18.2×25.7公分

ISBN 978-957-526-861-9(精裝)

1.上肢　2.人體解剖學　3.觸診　4.復健醫學

394.16　　　　　　　　　　　　98010634

PALPATION TO FUNCTIONAL ANATOMY FOR THERAPUTIC EXERCISE-UPPER EXTREMITY
(ISBN4-7583-0663-8 C3347)
Editor:AOKI Takaaki
Author:HAYASHI Norio
Copyright © 2005 HAYASHI Norio
All rights reserved.
Originally published in Japan by MEDICAL VIEW CO., Ltd., Tokyo.
Chinese (in complex character only) translation rights arranged with
MEDICAL VIEW CO., LTD., Japan
through THE SAKAI AGENCY and JIA-XI BOOKS CO., LTD..